新版
小学语文同步阅读

宇宙生命之谜

YUZHOU SHENGMING ZHI MI

张申碚　赵晓梅——编著

长江出版传媒 | 长江文艺出版社

目录

揽奇植物王国

序

1994 年初秋的一个早上，我的朋友张申碚同志告诉我，他和赵晓梅同志正在一起撰写一本书，书名为《生物之谜》。写这本书的目的是希望我国青少年读者们能够从书中所举的实例中学习到生物学的基本事实和原理，提高他们对于生物世界的正确认识，鼓舞他们将来投身于生物科学研究，为改造人类的生物环境、提高我国的农业生产和医疗水平而努力。他希望我能在本书的卷首写几句话，我愉快地接受了他的邀请。

他的上述这番话，使我立即想起了当年在美国读书时的一些往事。在那个年代，我的一些同学和朋友中，几乎人人都阅读过美国著名科普作家卡尔逊（Rachel Carlson）所著的《我们周围的海洋》（*The Sea Around Us*）和《从水母到人》（*From Medusa To Man*）。这些畅销书曾引起广大读者的兴趣，特别是对于青少年的生物科学教育，产生了巨大影响。这些年轻的读者们后来大多数成了知名的生物科学家，为现代生物科学的进步与发展做出了巨大贡献。当我在 1980 年重新回到美国去访问时，一些朋友们又介绍给我一本畅销书，也是卡尔逊女士写的，书名叫作《寂静的春天》（*The Silent Spring*）。这本书的主旨是叙述近年来大量使用农药和化肥对于生物和农业的毁灭性影响，使大片大片的农田变成了沙漠，成千上万的鸟类被毒死。在春暖花开的时节，人们再也听不到窗外的鸟类歌唱了。这本畅销书在社会上引起了巨大反响，并掀起了农业技术上的一场革命。在这场革命里，人们试图充分利用自然肥料和生态学方法来摆脱对于农药和化肥的依赖。这场革命目前仍在进行着，而且取得了成功。

我之所以在这里提起这些往事，是因为我国目前也有美国出现过的那种农业上的人为灾难，而且知道一本好的生物学科普读物会产生多么巨大的社会影响。我殷切地希望：本书作者们能在《生物之谜》这本书出版以后，继续出版续集，不仅继续揭开生物世界的奥秘，说明奇闻逸事背后的科学道理，对青少年进行更全面更深入的科普教育，而且还要像卡尔逊女士那样，就我国目前农业、医学方面出现的一些严重问题进行阐述、揭发。这不仅有利于我国生物学教育的普及，而且还将会对于我国农业和医学革命与创新，起到推动作用。

张申碚同志是一位卓越的生物化学家，赵晓梅同志是一位出色的科普作者，他们在生物科学方面，有着丰富的知识与写作经验。我深信他们一定会在生物科学普及教育方面取得更大的成就，祝他们成功。

张香桐

1994年9月20日

（张香桐教授系中国科学院院士、中国科学院上海脑研究所名誉所长，我国著名生物科学家）

写在前面的话

应出版者之约，我们编写了这本《生物之谜》（此次再版更名为《宇宙生命之谜》），希望能向广大中小学生、青少年朋友普及生物科学知识。

生物界是一个五彩缤纷、充满奇趣、充满生机的世界，生物体无处不在，从冰山之巅到热水温泉，从高空大气到矿山深处，到处都有它们的身影。它们有的个头很大，如古代的恐龙和今天的鲸鱼、大象，有的个头很小，如肉眼无法看到的细菌、病毒。它们的体形外貌、生活习性更是千姿百态。生物世界既包括了人类自身又构成了人类周围的环境。自从人类出现以后，我们的老祖宗就被生物世界的奥秘所吸引，不少人献身于生物科学的研究，努力去探索一个又一个的“生物之谜”，这些谜有的已被解开，有的已部分获释，还有不少正等待着我们广大的青少年朋友在今后去寻求答案。

由于知识水平的局限，也由于篇幅有限，在本书里我们只选择了几十个生物界普遍关心的问题做介绍，其中既包括了现代生物学的生长热点，诸如生物工程、宇宙生物学，也包括了长期以来人们所关心的一些问题，诸如恐龙的消失、生命的起源等。这些内容只能说是浩瀚科学海洋中一些翻腾的浪花，我们希望广大青少年朋友能够通过阅读，增长知识，激发起对自然科学的兴趣，从这里开始扬帆起航，遨游科学的海洋。

科学知识是千百年来人类科学财富的积累，后人因为站在前人的肩膀上才能看得更远。所以在编写本书的过程中，我们参考了数十本（篇）国内外的书籍和文章。

另外，我们特别要感谢中国科学院院士、中国科学院上海脑研究所名誉所长、著名科学家张香桐教授在百忙之中为本书作了序言。这是张老对青少年朋友的关心。他说，只要是有利于青少年学习成长的事，他都愿意贡献自己的力量。

在改革开放的大好形势下，我国经济得到了迅猛的发展，而经济的进一步发展依赖于科学的发展，我们衷心地希望有更多的青少年朋友能献身于祖国的科学事业。

张申碚　赵晓梅

1994年9月于上海

神奇的生物天地

“生物钟”之谜

形形色色的生物时间节律

从孩子时候起，每个人就学会了看钟：一只圆盘，分为12等分，一根时针，一根分针，有的钟上还有不断前进的秒针，它向人们报告着时间。时间对我们来说实在太重要了，每个人都有自己的“作息时间”，飞机、火车、轮船都有各自的时刻表，电台、电视台按时播出各种节目。如果没有时间这个坐标，我们这个世界就会乱了套。

时间是什么？时间是宇宙的节律。人类的时间概念是从宇宙的规律得出的。地球环绕太阳转一圈称为一年$\left(\text{实际上是}365\frac{1}{4}\text{天}\right)$，月亮绕地球转一圈是一月（实际上是29天半），地球自转一圈为一天。天文上的现象，早在远古时期，就被人类发现，并用来指导人类的重大活动，如每天的作息，“日出而作，日落而息”，农业上的播种和收获，等等。由于现代科学的发展，人类的计时器已由机械型、电子型进入到原子钟时期。精确的计时器为人造卫星发射、飞机轮船导航提供了精确的时间坐标体系。

在五彩缤纷的自然界中，许多动物和植物虽然不会看钟，但也存在它们自己的时间节律，这就是科学家长期以来十分关注、长期研究的“生物钟”现象，也就是生物节律的问题。

其实，“生物钟”对我们每个人来说，都是十分熟悉的事情。正常人的心脏，每分钟跳动 70 次左右；正常人的呼吸，每分钟 15~20 次，它们是如此规律，从古到今，似乎没有太大的变化。

中华人民共和国成立前，在我国一些偏僻地区的小旅店门口，常可见到这么一副对联：“未晚先投宿，鸡鸣早看天。”在交通不发达的地区，是靠步行来进行旅行的，天气的好坏会影响行程，每天早上要靠看天来安排旅行计划。每当天将亮时，雄鸡就用它嘹亮的啼声预告新的一天的到来，雄鸡每天按时啼叫，也是“生物钟”的一种表现。如果我们仔细观察自然界，我们可以看到许多有趣的“生物钟”现象。

在动物界，猫白天睡觉，晚上出来活动；猫头鹰是典型的夜行动物，每天半夜 12 点钟，它的体温最高；蜘蛛是夜间织网的，这种活动从午夜开始，一般持续 4 个小时才完成。

能自动调节时间节律的提琴蟹

人类花了几个世纪的时间，才设计出与天体运行相符的日历和时钟，然而在美国东海岸科德角的海滩上，却有一种螃蟹能够根据太阳和月亮的运行每天校正自己的“作息制度”。这种螃蟹人称“提琴蟹”，又叫“招潮蟹”。雄性的提琴蟹前面长着一个大螯（不是一双），看上去像在演奏小提琴。这种螃蟹白天颜色变深，晚上颜色变浅，到黎明时又变深。表皮或外壳颜色变深是许多动物用以保护自己的一种本能。颜色变深，不仅使螃蟹的颜色与海滩颜色近似而使“敌人”难以发现，而且由于色素增加，使它能经得起中午强烈阳光的照射。

提琴蟹的另一种生物节律是它能根据潮汐的涨落而安排它的觅食活动。我们知道，潮汐是由于月球的引力形成的。看来，提琴蟹既能根据太阳光改变颜色，又能随着潮汐的涨落来寻找食物。当潮水退去的时候，提琴蟹在海滩上寻找食物，变得十分活跃，而在潮水到来前10分钟，它已经进入了它的洞穴。潮水来到的时间每天都有规律地变化，而提琴蟹能够根据每天潮水的变化调整它的生物节律，这座“生物钟”确实十分奇妙！

长周期的“生物钟”

动物的冬眠和候鸟的迁徙是一种长周期的“生物

钟”在起作用。

每当秋天来临，松鼠就为过冬做准备。在夏天，一只活跃的松鼠一天能收集 20 个硬壳果；但是在秋天，它能收集到 300 个之多。一到秋天，熊体内的脂肪层增厚，毛也长得更浓密，这也是为冬眠做准备。

当北半球进入秋季的时候，北方的飞鸟就越来越不安了，有一天它们开始长途飞行，飞向南方，因为那里气候温暖。美国加利福尼亚州有一种燕子，它们每年都在 3 月 19 日前后的几天里从南美洲飞来，谁也不知道这类燕子用的是什么“日历”。不只是鸟类，海龟也有它出发做远洋长游的准确日期。

植物的“生物钟”

“生物钟”的现象也表现在植物中，例如，有的植物只在夜间开花，有一种芳香的开花烟草，只在日落以后几个小时才开花。夜间开花这种特征也许和花粉及花蜜的分泌有关。我们已经知道，某些植物花粉和花蜜的分泌是按一定的时间表进行的。某些植物还在其枝叶上表现出周期性的变化，如豆类植物幼苗的叶子白天抬起，夜间垂落。

科学家还发现，光合作用也有其节律，光合作用是绿色植物重要的机能，它对维持自然界的生态平衡方面有着极重要的作用。白天，在阳光的照射下，绿色植物中的叶绿素能利用根部吸收的水分和叶子吸收的二氧化碳合成碳水化合物（又称为糖类），同时释放出氧气；夜间，由于没有了光照，绿色植物也和动物一样，吸收氧气，释放出二氧化碳。生物学家对于光合作用的研究发现，光合作用在中午时间进行得最慢。中午时候，光照最强，温度和湿度也很适合光合作用，为什么会出现这种特殊的规律？目前生物学家还不能做出科学的解释，还需深入的研究。

在利用现代科学技术对单细胞生物进行研究时，科学家同样发现这种低等生物也存在着某些生物节律。例如，外形像草鞋而被称为草履虫的单细胞生物，它的细胞核在中午 12 点时最小，而在半夜 12 点时最大。

所有这些生物的时间节律是如何形成的呢？

“生物钟”的本质——外源性假说

当今世界上，有很多科学家在研究“生物钟”现象。早在 1960 年 6 月，就有 200 多名科学家出席了在美国长岛举行的生物节律国际研讨会。有关“生物钟”的研究历史，可以分为三个阶段：第一阶段是在 50 年代以前，科学家着重描述各种生物节律的现象；第二阶段在 60 年代，科学家设法建立一些模型来进行研究；第三阶段是 70 年代以来的工作，科学家试图用生物化学和分子生物学的一些理论来解释“生物钟”的现象。

虽然目前对“生物钟”有各种各样的学说和解释，但总的来说，这些学说可以分为两类。一类是外源性的假说，这种假说认为，生物节律是生物体的生理功能对来自宇宙环境的某种外部信号的反应。另一类是内源性假说，这种学说认为，生物体系具有自我预知时间的能力，这种能力不依赖环境中周期的变化。

外源性假说可以用“适应性”这个词来解释某些生物节律的现象。例如，我们可以说一些动物是昼行性的，因为它们适应白天的光照，另外一些动物是夜行性的，因为它们适应夜晚的黑暗。

相当长一个时期以来，科学家认为外界环境温度的变化是使生物产生节律的一个主要原因。每当秋天来临，温度降低，树叶枯干，一些动物失去了粮食，于是开始了冬眠，另一些昆虫，如蝴蝶，在秋天则变成了蛹。后来，科学家经过研究发现，引发生物节律外部环境的主要原因是光照，而不是温度，因为动植物都有控制内在过程的感受器。对植物和简单动物来说，受到光照射的细胞起着感受器的作用，对于复杂的动物来说，眼睛是它们的感受器。

光照的反应，除了白昼和黑夜的影响外，还有光照时间的长短。我们知道，地球围绕太阳转动，对北半球来说，夏季阳光直射，早上日出时间提前，晚上日落时间延后，每天光照时间增长。对冬季来说，正好相反，每天光照时间缩短。

光照时间的长短，可以影响植物的时间节律。例如，对于属于“长日照”的植物来说，增加光照的时间，可以使其提前开花。冬天，我们都喜欢种植水仙，由于冬天的光照较短，水仙长得很慢，如果希望它能提前开花，可以将它放在阳光充足的地方，或者在晚间用白炽灯泡照射它几个小时。对于属于“短日照”的植物，则恰恰相反，如秋天盛开的菊花，随着太阳照射时间的减少而生长，如果希望菊花早日开花，可以每天把它们在暗处多放几个小时，增加其少受光照的时间，就可以达到这一目的。对于很多农作物的生长、发育来说，光照是一个重要的因素，如果误了农时，光照时间的变化不仅可能造成减产，而且有可能产生“只长枝叶，不结果实”的后果。

对于高等动物来说，光照是怎样影响它们的生物节律的呢？科学家认为，这和动物的下丘脑有关。我们知道，高等动物的下丘脑是全身激素的总开关，而眼睛则是对光照最敏感的器官，光照的变化，通过视神经的传导，影响到下丘脑，下丘脑因而发生相应的反应，这个反应通过脑垂体分泌激素影响生物节律。这个假说中虽然有许多的细节尚待进一步研究，但已经有实验提供了一些证据。

蟑螂是一种令人们讨厌的昆虫，它具有白天休息、夜晚活动的生物节律。蟑螂的头部制造激素，那里有各种产生不同激素的腺体。科学家希望知道，没有了头的蟑螂是否还能存活。于是，他们将蟑螂的头部摘去，实验证明，摘去了头部的蟑螂还能存活几个星期，但是也出现了一个有趣的现象，这些蟑螂失去了夜行的习性，也就是说，它们的生物节律起了变化。于是，科学家又将摘去的蟑螂头中的腺体分别移植到没有头的蟑螂的身体上，结果，有一只蟑螂恢复了夜行的生物节律。这说明，这个腺体中有一种特别的激素控制着蟑螂的夜行节律。

有的科学家曾认为，生物节律与地球的自转有关。他们设计了一套实验，将一批做实验的老鼠，从美国的西海岸运到新西兰，并且用光照来调整它们的生物节律，每天早上 8 点至晚上 8 点光照 12 个小时，然后就是 12 个小时的黑暗期，待这批小鼠适应了新的生物节律后，就将它们分为两组。这两组的笼子分别固定在两种不同的机械转盘装置上，一种装置上的转盘处于静止状态，也可以说，它是跟着地球在做逆时针的运动，另一种装置的转盘则以 24 小时为周期做顺时针匀速运动，可以说它们的转动速度与地球自转的速度相同但方向相反。这个实验进行了 10 天，对笼内小鼠的活动做了详细的记录，得出的结论是：两组老鼠的生物节律没有显著的差别，这说明地球的自转与生物节律无关。

实验还证明，某些生物的生物节律还会受到磁场和静电场的影响。

“生物钟”的本质——内源性假说

外源性假说的依据很多，但它无法说明所有的生物节律的现象。例如人的心跳与呼吸的频率与外部环境没有特别的联系。

有一个很有趣的实验也支持“内源性假说”。我们知道候鸟有着迁徙的习性，而且迁飞的时间也是由“生物钟”来控制的，这个“生物钟”是否受到外部环境的影响呢？一组科学家在德国进行了细致的实验。

他们将一种候鸟从孵化到成长都养在与外界隔绝的环境中，它们生活在终年类似夏季的生活条件之中，这样它们就不会受到外部类似光照、温度等条件的影响，也得不到季节变化应该迁徙的暗示。可是，当外界秋天到来时，它们就会在树枝间飞来飞去，显得急躁不安，接连很多夜晚，它们在支架上拍翅振翼，不能入睡，这种情况持续的时间，相当于它们从欧洲飞到非洲的时间，这段时间一过，它们就能安然入睡了。可是一到春天，也就是到这些鸟应从非洲返回欧洲的时间，它们又出现了同样烦躁不安的现象。这个实验告诉我们，在这种候鸟的身体内部确实存在着一座不受外部环境影响的“生物钟”，正是这座“钟”指挥着它们迁徙。

根据以上的事实，有的科学家认为，“生物钟”是生物体内固有的，不随外界环境的变化而变化。他们认为，植物和动物的生物节律是内源性的，是进化的结果，在几百万年中，宇宙的自然节律已经在生物体内的基因上打下了深深的烙印，生物中只有那些能在生理上和行为上适应这些环境节律的才能存活下来，而且这种生物节律是可以代代遗传的。

最近，有科学家宣称他们已得到了与生物节律有关的基因，如果结果是正确的话，这将会大大促进生物节律的研究工作。

结束语

“生物钟”现象目前已被人类利用。例如，科学家发现，人在每一天的一个时期中，精力充沛，注意力集中，而在另一个时期，则容易疲劳。利用生物钟现象，就可以将某些危险性较大、要求集中注意力的工作安排在精力充沛、注意力集中的时间。美国国务院曾经做出决定，要求所有经过长途飞行的外交人员，至少休息一天以后，才能参加重要的谈判。

科学家还发现，在饲养的家禽中，利用人工照明，增加白昼时间，可以使母鸡多产蛋；对于苍蝇、蟑螂之类的害虫，在一天中的某一个时刻使用杀虫剂比较有效；花农也可以采用改变光照和黑暗的时间，使得四季都有多种花卉上市。

生物电现象探秘

呼呼的大风，熊熊的烈火，急流和巨浪，阳光和核能，自然界在以各种各样的形式发电。可你是否还知道，生物也可以发电？

其实，人类早已惊奇地发现生物也有电。人们测量过许多生物，从原始的单细胞生物到高等动植物，它们都不同程度地带有电。动物体内在沿神经系统传递信息时会产生电流。植物在进行光合作用的时候同样也会产生电流。微生物在生命活动过程中产生化学能，而这种生物化学能可以直接转换成电能。

不过，生物电对这些生物有什么意义，目前人们还不十分了解。关于生物电，还有不少有待探索的谜。

动物发电机

远在人类发明电池和发电机之前几百万年，许多动物和植物已经能够自动产生电流。有些动物本身就是一台强有力的发电机，电鳗就是一例。

电鳗生长于南美奥里诺科河中。这条河在委内瑞拉境内，流入大西洋。南美的亚马逊河亦有电鳗的踪迹。曾有这样一个故事：西班牙殖民者在入侵南美的时候，迪希卡的部队沿亚马逊河而上，终于抵达尽头，前面只剩下亚马逊河的一条小支流和丛林了。部队一边伐倒茂密的丛林，一边前进，来到一块半干的沼泽地前。当地的脚夫印第安人一看到沼泽地就拒绝前进，不论是骂他们还是用鞭子打他们都没有用，他们恐怖地看着沼泽地说着什么，但他们的话，西班牙殖民者听不懂。

迪希卡命令一名士兵做个样子给印第安人看，于是这名士兵就往水里走，但是只走了几步，他就像被谁打倒了似的，大声惨叫着倒在沼泽里。有两名士兵前去救他，结果也受到同样的打击。好不容易从水中上来，三个士兵的脚都麻木了，经过几天之后，他们才能够继续前进。由于对不明真相的怪物感到害怕，迪希卡只好下令返回。

水中的怪物其实就是电鳗。南美产的电鳗是一种大型的鱼，它的外形很像蛇，体长 2 米以上，体重 15~20 千克，肉味极美。然而，当地的居民却知道怎样捕捉这种危险的鱼。他们为了捕捉电鳗，先把牛赶进水里，让牛先接受电的冲击。牛一触电就挣扎倒下身来，拼命地吼叫，几分钟过后才安静下来。牛回到岸上后人再下去捕捉电鳗。

电鳗就是用它的电来捕捉食物的，一般在晚上，它先用自身所发出的电击倒蛙和鱼虾等水中动物，然后吃掉。一条电鳗能杀死比自身重量重很多倍的猎物。

电鳗究竟是怎样产生强大的电流的呢？

其实，任何动物体内的神经和肌肉都带电，只是十分微弱罢了。而电鳗的身体，能产生电流的肌肉组织占全身的40%。在显微镜下就可以发现，在这种组织里集中着100万~200万个极其微小的“干电池”。也就是说，这部分组织的各个细胞与干电池具有同样的功能，这些细胞膜的外侧有阴离子，内侧有阳离子，在这样的“电池”细胞上，大约能产生0.1伏的电位差。同时，大自然还赋予电鳗一种提高其电功率的本能，它的发电器官沿着脊椎连续并列，其数达140多个，这就犹如一条精巧的配电线路，使电压升高，电流得以增强。

从解剖学上看，电鳗虽然在外形上像一条鳗鱼，却和鳗鱼完全不同。电鳗自成一类，就叫电鳗类。电鳗约长2米，有着棕色和橙色混合着的躯体和一个又短又粗的头部。它的全身长度只有八分之一是头部和躯体，其余的便是尾部。它的尾部布满了一种叫“电极”的胶质细胞，这些细胞一层层地互相粘贴起来，就像电池里的电极一样互相串联着。这就是电鳗的电池了。

电鳗的尾部，生有三对发电器官：一对主发电器和两对小型发电器。电鳗身体摆动时，其中的一个小型发电器便会发出每秒20~30次的微弱脉冲。它们的作用同雷达一样，用以探测猎物或敌人的所在位置。一旦发现目标，它便用主发电器和另一个小发电器向目标放电。据海洋动物专家的测定，电鳗在捕食时，放电量一般在300~800伏。这说起来倒简单，可真要产生这么高的高压可绝非易事。它必须保证无数个“电池”都能同时联通。这就要求其大脑发出的指令脉冲都能同时到达每个“电池”。这里蕴藏了大自然的绝妙安排。

更奇妙的是，电鳗的放电蓄电，与人类发明的电池有不少相似处。第一，电鳗不是整天都可以产生电流的。当有些物体跟它碰触，或者它跟什么发生冲突的时候，这个信息立刻便会传达到它的脑部去。于是，它立刻开动发电机，利用它的电流去自卫，或者电杀其他鱼类作为食物，这与电池不接通时不放电一样。第二，电鳗所产生的电流，是从它的头部传到它的尾部，这就跟一个电池所发生的电流一样，是只有一个方向的。第三，当一个电池停止发出电流时，就得补充，电鳗也一样。当它放出了太多的电流之后，电源便不足了。于是，它就会退到一处安全的地方，直至它的电池再次充电，它才恢复活动。

自身带电而又能放电的鱼类、兽类，已发现的就有100多种。除了电鳗外，电鲶、电鳐也都是著名的“动物发电机”。非洲河流里的电鲶，发出的电，电压高达350伏。在太平洋北部发现的一种大电鳐，电流可达50安培，如果电压以60伏计算，这种电鳐的电功率就是3000瓦，这样大功率的电击，足以击死一条大鱼。

并不是所有的电鱼都能发出很强的电。裸臀鱼（它的尾巴没有尾鳍，是赤裸裸的）、长吻鱼、裸背鳗、吻电鳗、鳍电鳗以及某些鳐鱼都只能发出微弱的电脉冲。它们的发电器官很小，电功率很低，不足以击死或击昏其他动物。它们把它作为一种工具，用来搜索环境和寻找食物，就像我们用雷达来监视天空一样。这些鱼的发电器官是一部精巧的“水下雷达”。

电鳗带电放电的现象也许是除闪电以外，人类接触得最早的放电现象。

生物电对人体的应用

据说古代流行着这样一种治病的方法：把电鳐弄到岸上，让患风湿性关节炎的病人，坐在电鳐的身上，用它放出的强电流刺激病人。还有，早在2000多年以前，古罗马的医生就知道电鳐会放电，并且利用这种电来治疗精神病。后来这种“生物电疗法”逐渐被人工电所代替了，并成为一种专门的治疗技术，称为“电疗技术”。

生物电与人工电，虽然产生的方法不同，但电的性质完全相同。实践证明，用电线把电鱼的电引出来，可以使灯泡发光。即使是老鼠身上的微弱电流，也可以用来发动微型的无线电发报机。这就是说，生物电可以用来开动人造机器。

随着认识的不断深入，人类开始利用生物电为自己服务了。

科学家们发现，人体里面有好几百万个细胞，也都是能够制造微量电流的。例如来自脑部的电流，只要在我们的头皮上面装上一个电阻，然后再跟一套计算仪器连接起来，即可以计算出它的电量了。临床医生还把生物电作为诊断疾病的一种生理指标，根据脑电图和心电图来判断脑和心脏的机能是否正常。

人类已经发明了一种由脑电控制的人造假肢。只要大脑下达一个“握手”的命令，假手就会立刻握起来。原来，假手有两根电极，分别接在上臂的两块肌肉外面，用来接收从大脑传来的电信号。这种电信号经过放大，又去推动假手里的一个微型电动机，于是假手就动作起来了。上肢残废的人，戴上这种假肢，可以完成一些自我服务性的简单动作。

脑电假肢是用生物电来开动人造机器，而心脏起搏器则是用人工电来开动“生物机器”。

人的心脏之所以能够有规律地跳动，是因为心脏本身有一部“微型发电机”——窦房结的缘故。窦房结总是每隔不到一秒钟的时间发出一次电脉冲，从而引起心脏的一次收缩。如果窦房结损坏，或者心电的传导系统发生障碍，心脏就不能正常工作了。心脏起搏器就是模仿窦房结的工作原理制成的，它每分钟发出 70 次左右的电脉冲，通过电极去刺激心脏，引起心脏的收缩。这样心脏起搏器就代替了窦房结，启动心脏工作。

电子学家也早已对生物电发生兴趣，他们想从神经细胞和神经网络中学到一些新的知识，以便设计出更加精巧的电子元件和电子线路。电子计算机的设计人员更是对人脑这部思维机器佩服得五体投地，他们多么想了解大脑的秘密，从而制造出类似于人脑那样的“电子脑”。

植物电极

科学家们发现，植物在进行光合作用的时候，同样会产生电。

几乎所有植物都可以利用水分和二氧化碳做原料，利用日光的能量，来制作淀粉等养分，这就是光合作用。在进行光合作用时，植物首先用叶绿素吸光，以太阳能来分解水。水是由氢和氧组成的，水分解时，除了产生氢和氧之外，还要飞出电子，电子带负电荷，在水分解之前，它藏在氢和氧原子中间。为了制造出植物生活所需的养分，电子要在叶绿体内消耗掉，但是，如果将它提取出来就能得到电能。

植物的光合作用是其生存的一种基本生理机能，所以植物能够比较稳定地产生电。因此，科学家们设想利用植物的光合作用来发电。

日本岛根大学的落合英夫最早进行了植物发电的实验。他选用菠菜做材料，先把菠菜叶搅碎，大约搅拌10秒钟，这样叶绿体就暴露出来，容易提取电子了。然后，把碎菠菜叶薄薄地摊在氧化锡薄板上，为了避免脱落，涂上一层透明的聚乙烯醇，像胶一样把它固定住，发电装置就制成了。光合作用需要水，但是纯净的水不易导电，只要在水中溶解一些其他物质形成电解液，就能导电了。

这种发电装置虽然发电量甚微，但只要有光就能得到电流，而且不消耗任何燃料，因此这项发明具有深远的意义。只是菠菜的叶绿体既怕光又怕热。这种发光装置虽然能发电，但水温一达到45℃，只要10分钟左右电流就减弱了，再过上一两个小时就接近于零了。由于日光照射而使水温达到几十度是经常性的事，因此，采用菠菜的发电装置没有实用价值。而且，菠菜每个叶细胞中有几十个以至几百个叶绿体。叶绿体怕氧气，本来叶绿体包在菠菜的细胞之中，不会直接接触到氧气。为了抽出电子，菠菜的细胞膜遭到破坏，叶绿体立刻会受到氧气的强烈刺激，因而菠菜发电装置很快就失效。因此，专家们到处寻找耐热、耐光而又不怕氧气的叶绿体。结果，在日本岛根大学附近的松江温泉内找到了一种藻类。

这种藻是一种低级的藻类，叫作蓝藻。它生活在水温为40～50℃的温泉水中。它的结构简单，微小的细胞像线一样连在一起，粗细只有1～2微米，肉眼难以发现，几根聚集在一起才像一团线头那么大。把它培养在打来的温泉水中，只要有阳光并保持适当的温度，即使不加入任何养分也能很快繁殖增加。

把蓝藻用细纱布过滤一下，再放到离心分离机上去掉水分，就可以得到半干的蓝藻，将它薄薄地涂在氧化锡板上，用一种琼脂加以固定，就制成了一个阴极。蓝藻电极比菠菜电极制作方便，而且蓝藻的细胞没遭到破坏，依然是活的，所以可以长期使用。

用这种蓝藻活电极能得到多少电呢？根据专家们的

实验，当受到比晴天晌午的阳光稍弱的光照时，可以发出 8~10 毫安左右的电流。盛夏时屋外光线较强时，可以发出 20 毫安左右的电流。这样的电流是极其微弱的，连一盏小灯泡也点不着，但这是因为实验装置太小了。根据计算，如果把一米见方的玻璃窗都装上蓝藻电极，就能得到 1 安培左右的电流，如果加上两三层电极，电流还会增加，如果在电解液中加入一些特殊药品，使电子更容易运动，得到的电流还会更强一些。

蓝藻通过光合作用制造出的电子，本是用来维持自身生命的，若是夺走这些电子，它的生命也就不存在了。那么，怎样才能使这个发电装置工作的时间更长呢？用多强的光照射更合适呢？用蓝藻做的电极是不是最好的呢？还有没有更佳的植物呢？植物发电要走向实用，有待于解决的问题还多着呢。

微生物发电

肉眼所看不见的微生物，具有种类多、数量大、分布广、繁殖快、消化本领奇怪的特性。在自然界的物质转化过程中，无须任何特殊装置和强大的能量，微生物就可以在体内进行成千上万种的化学反应，因此人们称之为“最古老的化学家”。微生物发电，就是将微生物产生的化学能转换成电能。

有一种叫“硫化菌”的微生物，生活在深深的海洋底下。硫化菌同其他生物一样，需要能量维持生活。它们是怎样获取能量的呢？不同于一般的生物，它们不停地分解海水中的硫酸盐，然后就像运输工似的，把分解产生的氧和水中的氧输送给有机化合物——沉积在海底的动植物遗体，用来进行氧化。在这氧化过程中产生的多余能量，就由硫化菌自己消耗掉。氧从硫酸盐分子中分离出来，结果海水的下层出现酸性的硫化氢溶液，并产生许多正离子，在上层又产生了许多负羟基离子。于是，就在海水中形成正负电子层，从而产生电位差，电流随之开始循环。

科学家们模仿大海制造了一种电池模型，让硫化菌在实验室里发电。他们在两个试管中装入白金电极和不同成分的海水，如同大海一样，也分为上下两层，让硫化菌在连接两个试管的电桥上繁殖。结果硫化菌仍不忘扮演“运输工”的角色，同样产生了电流。这个生物电池模型，一直在实验室中工作了几个月。试验证明，硫化菌活动时产生的化学能，可以直接转换成电能。这种电池的电压是 0.5 伏，电流为 1 毫安略强。如果需要更高的电压和电流，只要把这种电流串联或并联起来就行了。

目前，人们已能利用这种方法，制造出小型的经济的生化电池。有一种有效半径为 24 千米的小型发电机，就是利用一种依靠海水中的糖分而生存的微生物来发电的。这种微生物发电效率高、性能可靠稳定。有些地方的浮标和无人灯塔，就是使用了这种微生物电池。

探索生物发光的奥秘

夏夜乘凉时，我们常见草丛上飞舞着一个光点，那就是萤火虫。我们想方设法将它抓到手，把它放在玻璃瓶内后，还可以看到它尾部发出的淡淡的、黄绿色的光。夜晚，在农村，一个人独自走过坟场总是有些心惊胆战，虽然我们并不相信有鬼魂存在，但当那一闪闪的磷火在不远处升起时，确实使人感到恐惧。

类似的例子还有很多，在这些神秘的发光中，很大一部分是属于生物发光。在大自然中间，许多种植物、昆虫以及较低等的生物，如细菌，都有发光的能力。目前，神秘生物体的发光机制，经过科学家长期探索已经有了一定的眉目。

萤火虫为何发光

科学家发现，萤火虫发光的目的，主要是用来吸引配偶，进行交配。根据观测，雄虫发光后，雌虫也会发出荧光作为回应。这样，在黑暗中它们就能弄清彼此的位置。

萤火虫发光的过程，可以用来说明一部分生物发光的机制。腺嘌呤核苷三磷酸（简称 ATP）是生物体细胞用以贮存能量的一种化合物，ATP 可以与萤火虫体内的荧光素发生作用，形成一种荧光嘌呤化合物。这个化合物在荧光酶的催化作用下，在有氧存在时，产生荧光。所以，这种发光是一种化学发光，在发光时并不产生热量。

在日本沿海地区，有一种小甲壳虫，也具有与萤火虫相似的发光系统，但它的发光方式有些不一样，它可以同时在体内制造荧光素和荧光酶，然后将这两种化学物质排入水中。在水中氧化后，这两种物质就会产生发光作用。将这种甲壳虫的尾部磨碎并干燥，然后再加水混合，它也会发光，并可持续一小段时间，干粉加得越多，其发光时间就维持得越长。

萤火虫发出的光虽然很微弱，但还是有用处的。在中国古时候，就有捉萤火虫放入布袋中，照亮书本在夜间读书的故事。在第二次世界大战期间，日本军队在森林中巡逻时，为了阅读简短的命令而又不让敌方发现，就将干的萤火虫尾部用唾液弄湿，黏在手掌上来照明。

萤火虫尾部在干燥状况下，仍保持发光的能力，科学家正在考虑利用这个特性，来探测外空中有无生命存在。由于 ATP 和生命现象紧密相连，科学家就把不含 ATP 的荧光素-荧光酶的复合物制成探测器，用宇宙飞船发射到外星球去，如果那个星球有 ATP 存在，就会和荧光素-荧光酶的复合物发生作用，从而产生荧光，仪器就可以测到这个讯号并发回地球，我们也就可以知道该星球有 ATP 的存在。

海中鱼儿为何会发光

在 305 米的深海中，人们发现了一种会发光的鱼，这种鱼在身躯两边和腹部长有小的发光器官，在终年黑暗的深水中，这种鱼发出的光就像闪光的珠宝，呈淡黄色或淡蓝色，并在鱼身上或排列成行，或排成新月形，煞是好看。据分析，这种鱼的发光也是由体内的化学物质氧化所造成的，发出的光可以使鱼看清在深海中的道路，也可以使有趋光性的小鱼游到它的身旁而成为它的“口粮”。

在并不很深的海中，人们发现了另一种会发光的鱼。这种鱼由体内发光，经过其透明的皮肤散射至体外。经过研究，科学家认为这种发光是一种自身保护性的适应，因为这种鱼群发出的光十分类似于太阳光照入水中后散发所形成的微光，这样就可以蒙混大鱼的眼睛，逃脱被大鱼吞吃的悲剧。

是朽木在发光吗

黑夜里，森林里的老树墩、腐烂的树干和树根有时会突然发出光来。如果人在黑夜的森林中行走，突然碰上了腐烂的树墩，树墩会立刻碎裂成很多闪光的碎片，脚下的土壤也会像撒满许多火星似的。如果这时你想拾起一颗火种，你捡到手的只是一块朽木。

这是朽木在发光吗？不是，这是寄生在朽木上的一种被称为蜜环菌的菌在发光，它是发光菌家族中的一员。蜜环菌发光的不是它的菌伞，也不是它的菌柄，而是它的“根”，也就是菌丝体。这种菌丝体渗进树皮和木质之间，像网一样布满整个朽木，当这些菌丝体发光时，人们就以为是朽木在发光了。

在巴西热带森林中，长着一种称为钟状菌的发光菌。这是一种真菌，巴西的土著居民把它看作是大自然生灵之神的化身，对它顶礼膜拜。它的特点是生长速度极快，开始像一个小蛋，然后逐渐长大，后来裂为两半，接着长出黄色的菌伞和细长白色的颈脖。颈脖生长的速度达到每分钟5毫米，在短短的两个小时内，它竟然长到0.5米高。然后，从菌伞下它又长出了精微透孔的白色藻纱，接着散发出一种动物尸体的臭味，吸引苍蝇和夜蛾等昆虫。到夜间，真菌能发出绿宝石光泽般的光彩，只是它的寿命很短，第二天就要死去。

许多种类的细菌都具有发光的能力，这些会发光的细菌包括我们日常可在腐肉上发现的细菌。例如，盐腌的火腿在黑暗中会发出一道淡绿色的荧光，这就是细菌所发的光，这种细菌对人体无害，而且不会影响火腿的食用价值。

“鬼火”是怎么回事

科学家对古坟地上出现的“鬼火”曾进行了长期的研究，他们认为，夜幕降临时古坟地上闪烁的火光，是沼气在空气中燃烧。

我们知道，有机物腐烂后会产生沼气，它的主要成分是甲烷——一种碳氢化合物，夜间，它在坟地上飘荡并产生自燃现象，人们就看到了所谓的“鬼火”。

“鬼火”的形成还有另外一个原因，这就是人或动物的尸体腐烂后，由骨骼中会分解出一种称为磷化氢的化合物，它在空气中会自动燃烧发光。夜间在野地里它的火焰呈淡绿色，迷信的人看到后还以为是鬼点的火呢。

发光的鸟

在非洲的密林中生活着一种特殊的无名鸟，它的头部和翅膀上长有羽毛，其他部分只长着硬壳。每当入夜之后，这种硬壳就会闪闪发光，附近的人们常去捕捉这种鸟，并把它们养在笼内，夜间可以用来照明。

由此可见，生物发光现象在大自然中是广为存在的。长期以来，人们一直以为这是神灵在显灵，并由此产生了许多误解。经过科学家深入细致的工作，生物体发光现象大部分在科学上已不再是谜了。

生命起源之谜[①]

大约在45亿年前，地球诞生了。当时地球的温度大于2000℃，可想而知，地球上在那时是不存在任何生命的，甚至于连组成生命的简单的有机化合物都没有。那么，地球上的生命是怎样形成的呢？或者说是怎样来的呢？这是历代科学家关心的一个焦点——生命起源之谜。

生命起源的种种学说

在生命起源的问题上，流行着众多学说，如《圣经》关于上帝造人的说法和我国古代女娲造人的神话极为著名，但是因为归结到神的力量，离开了从科学角度探讨的范围，因而在科学上没有实际意义。

天外胚种说　这是19世纪一些人提出来的主张，他们认为地球上的生命来源于地球之外的空间。长期以来，

① 小学语文教科书六年级上册课文《宇宙生命之谜》选自本篇文章的第三部分，选作课文时有改动。

科学家们一直在不断探索地球之外生命存在的可能性，但迄今尚未找到明确的答案（我们将在后面讨论这个问题）。然而，即使地球上的生命来自别的星球，那么在宇宙中同样有着一个生命起源的问题需要解决。

自然发生说　这是起源于古代的另一种学说，从亚里士多德到牛顿，这些著名的科学家都相信这个学说。因为有人看见腐肉中长出了蛆，就认为生命是在自然界中“自动”产生的，他们不知道这是苍蝇在腐肉上产卵的结果，从而得出“腐肉生蛆”的结论。

化学起源说　这一论断的主要提出者是苏联学者奥巴林，但在他以前，已有不少学者提出了类似的学说。例如奥肯就提出：最初的生命是一种原始的“黏液”，一切有机物质都出于这种“黏液”，而它又是从无机物演化过来的。1869 年，海克尔指出，地球上的生物最早是“由非生命物质发生的”，其中历经由简单到复杂的长期演化过程。赫胥黎也提出过类似的观点。

为化学起源学说在实践上取得第一个证明的是德国化学家武勒，他是世界上第一个将无机分子氰氢酸转化为有机分子尿素的人。1824 年，年仅 23 岁的武勒在研究氰氢酸和氨水这两种无机化合物的化学作用时，得到了两种有机物，即草酸和尿素。他的实验结果惊动了科学界，当时也有人对他的实验结果表示怀疑，并讽刺挖苦他。为了使实验结果更加可靠，他又花了 4 年时间进行系列研究，他用不同的原料和不同的方法，合成了同一种有机化合物尿素。1828 年，他发表了《论尿素的人工合成》这一总结性的论文，他的实验打破了有机物只能由“有生命的”物体产生的“活力论”，证明有机化合物与无机化合物之间并没有一条不可逾越的鸿沟。他对他的老师说：“我能够做出尿素而不需要肾脏，或者说，不需要动物，不论是人或狗。”他的实验为现代生命起源的研究提供了依据。

奥巴林学说

奥巴林是苏联的生物化学家，苏联科学院院士，1922 年，他在全俄植物学大会上发表了有关生命起源的学说。1924 年和 1934 年，他两度撰写了《生命的起源》一书，他在书中汲取了当时各学科的最新成就，进一步阐明了生命起源的问题，此书在世界上产生了很大的影响。

奥巴林学说的主要内容是，无论是“天外胚种说”还是“自然发生说”，都不能解决地球上生命起源的问题，只有赫胥黎和恩格斯提出的“最初的生命是从非生命物质产生的”观点才合乎自然界的客观本性。奥巴林认为，生物体大都由各种有机物组成，所以这些有机物的形成，是生命出现的物质基础。奥巴林认为，初期地球的大气层中，存在着甲烷、氨气和氢气，另外还有水的存在，通过大自然中闪电和紫外线的照射，逐步产生了简单的有机化合物，通过这些有机化合物的聚合，逐渐形成了原始生命，正如奥巴林自己所说：“物质从无生命向着有生命发展……首先，在亿万年过程中产生出有机物质，然后有机物质转变为高分子聚合体，进而形成单个的高分子系统，只有这些系统的方向性进化才产生出原始有机体——原始的生命形式。”

在奥巴林学说的启发下，不少科学家进行了实验性研究，以论证这个学说的正确性，其中最著名的是美国科学家米勒的实验。1953 年，芝加哥大学的研究生米勒在实验室中制作了一锅“原始生命汁”，他在密闭的烧瓶中放入水，再灌入混合的甲烷、氨和氢的气体，他将这瓶混合物煮沸，然后向烧瓶中插入电极，通上 6 万伏的高压电，使之在烧瓶中发生火花放电。反应物经过几天至一周的反复反应后，变成了棕褐色。米勒对这种反应产物进行了系统的分析，证明其中有甘氨酸、丙氨酸等重要的氨基酸，还有乳酸、醋酸、尿素、甲酸等 20 种有机物质。实验结果还表明，有机物质产生的速度快，数量也比原先预料得要多，而且实验中产生的有机物分子和活组织中存在的有机物分子相一致。1957 年，米勒的实验结果在莫斯科召开的地球生命起源专题国际会议上发表，引起了各方面极大的重视。

在这以后，在米勒的实验室和世界上其他实验室里，应用火花放电、紫外线照射、冲击波冲击、电子束影响等多种方法，并有选择地改变反应原料，进行了类似的实验，在产物中得到了多种氨基酸、糖类、嘌呤和嘧啶。我们知道，氨基酸是组成蛋白质的基本物质，嘌呤和嘧啶则是组成核酸（包括 DNA 和 RNA）的基本物质，这些实验结果有力地支持了奥巴林学说。

关于这些简单的有机化合物如何形成了生物大分子（如蛋白质、核酸、糖类），而生物大分子又如何形成了细胞，这又是生命起源的谜中谜。目前，仍有科学家在进行研究。关于生物大分子的起源，就有海相起源派和陆相起源派两个学派，他们都各自在进行模拟实验，但至今仍没有满意的结果。谁能最先解开这个谜？人们在期待着。

地球以外还有生命存在吗

地球是我们的母亲，生活着成百万种的生物，它们组成了我们多姿多彩的世界。但是，地球之外是否还有生命存在呢？这就是人类一直在探索的宇宙生命之谜。

古时候，科学不发达，人们一直向往着“天上人间”和“天堂”。古人认为，天上是神仙住的世界，于是有了许许多多的故事：嫦娥奔月，仙女下凡，玉皇大帝，王母娘娘等。现在，科学发达了，人们知道那都是古人编出来的童话。但是，地球之外的太空中是否有生命存在，仍然是一个极吸引人的问题。

从理论上来说，宇宙是无限的。地球只是太阳系中的一颗行星，而太阳系只是银河系中一个极小的部分，整个银河系中，大约有 1500 亿颗恒星，类似太阳系这样的星球系为数不少，其中与地球类似的行星也肯定是存在的。可以猜测，地球绝不是有生命存在的唯一天体。

但是人类至今尚未找到另外一颗具有生命的星球。

哪些天体上可能有生命存在呢？这个天体又必须具备什么样的条件呢？我们了解了生命起源的过程之后，认为至少应有这样几个条件：一是适合的温度，也就是要有适合生物生存的温度，一般应在-50℃~+50℃之间；二是必要的水分，生命物质诸如蛋白质、核酸和酶的活力都是和水紧密相关的，没有了水，也就没有了生命；三是适当成分的大气，虽然已发现少数厌氧菌能在没有氧气条件下生存，但氧气和二氧化碳对于生命的存在是极为重要的；四是要有足够的光和热，为生命体系提供能源。根据这些条件，科学家首先对太阳系除地球以外的其他行星进行了分析：水星离太阳最近，向阳时表面温度可以达到300~400℃，不可能存在生命，金星是一颗高温、缺氧、缺水、有着强烈阳光辐射的行星，也不可能有生命存在；木星、土星、天王星和海王星几颗行星离太阳很远，它们的表面温度低，一般都在-140℃以下，环绕它们的大气成分主要是氢气，其次是甲烷和氨。因此，在这几颗行星上，也不可能有生命存在。

太阳系中唯一有可能存在生命的星球是火星。关于火星上是否存在着生命的问题，也已争论了100多年，随着航天技术的迅速发展，这个谜已经揭开了。

火星与地球有不少相似之处：地球自转一圈是23小时56分，火星自转一圈是24小时37分；地球自转轴与轨道平面有23度27分的倾角，而火星的倾角是24度，所以火星和地球一样有昼夜，有四季。火星的两极也和地球一样，被冰雪封冻着。更有趣的是，1879 年，意大利的一位天文学家观察到火星表面有很多黑色的、纵横的线条，于是人们猜测这是火星人开挖的运河。人们还观察到火星表面的颜色随着季节而变化，有人认为这是火星表面植物随着季节的变化而改变了颜色。

由于空间技术的迅猛发展，科学家们决定利用宇宙飞船对火星作近距离的观测，以揭开火星神秘的面纱。1971 年，美国发射的“水手 9 号”宇宙飞船进入了环绕火星飞行的轨道，给火星拍摄了大量的照片。这些照片表明，意大利天文学家观察到的所谓“运河”，原来是一连串的暗环形山和暗的斑点。通过近距离观测还发现，以前观察到的火星表面上所谓颜色的四季变化，并不是由于植物的生长和枯萎所造成的，而是由于风把火星表面上的尘土吹来吹去，才造成了颜色明暗的变化。

宇宙飞船还发现，火星是一个非常干燥的星球，在它的大气中虽然找到了水汽，但含量极少，只有地球上沙漠地区的百分之一；火星的大气层非常稀薄，百分之九十六是二氧化碳，氧气含量极少；火星表面温度很低；火星上没有磁场，它的大气层中又没有臭氧层，因而不能抵御紫外线和各种宇宙线的照射，所有这些因素都说明，在火星上生命难以生存。

为了对火星做进一步的考察，1976 年，美国又发射了两艘名叫“海盗号”的宇宙飞船。这两艘飞船在火星表面着陆，并进行了一系列的分析和测试，其中有两项重要的结果：一是在火星的土壤中未能检测到有机分子；二是在火星表面取样的培养中，未发现微生物的存在。这两项结果直接证明了，在飞船着陆的地区，火星表面上没有生命存在。此时，又有科学家提出，生命物质是否会存在于火星的岩层之中呢？这还有待进一步地进行研究。

人们至今尚未能在地球以外的太空中找到生命，但科学家仍然相信在地球以外的宇宙中存在着生命。近年来，通过对落在地球上的一些陨石进行分析，结果发现外空中有有机分子的存在。1976 年我国东北吉林省下了场陨石雨，对其中最大陨石块进行取样分析后，也找到了有机分子。

结束语

生命起源之谜自人类诞生起就一直萦绕在人类心头，千百年来众多的科学工作者一直在孜孜不倦地探求答案。随着现代科学高度发展，我们完全有理由相信解开这个千古之谜的时候已为期不远了，我们期待着。

探秘动物世界

恐龙之谜

世上真有“侏罗纪公园”吗

1993年，美国好莱坞制作的电影《侏罗纪公园》成了当年最卖座的影片，在北美、欧洲、亚洲、大洋洲，人们排起长队购票，争看这部电影。在伦敦，英国王妃戴安娜还出席了首映式。

这是一部什么样的电影呢？为什么它能吸引如此众多的不同年龄、不同文化层次的观众呢？

这是一部根据美国作家迈克尔·克莱顿的同名小说改编的科学幻想影片。故事发生在中美洲国家哥斯达黎加附近的一个海岛上，一个亿万富翁买下了这座小岛，并在岛上建起实验室，招聘了一批科学家。他们在这里开展了一项激动人心的研究工作，从吸过恐龙血后被包埋于琥珀中的蚊子中提取出恐龙的遗传基因，然后测定这些基因的结构，利用现代基因工程的方法复制了不同种类的小恐龙。他们将这些小恐龙养大，圈养在用10000伏高压电网围起来的场地中。

亿万富翁苦心营造的这个“侏罗纪公园”是一个全新的游乐场，他相信这将吸引千百万的游客，发一笔大财。游乐场建成后，亿万富翁请了两位年轻的恐龙专家去他的岛上参观。那天，他们乘坐直升机降落在这个岛上，看见了郁郁葱葱的大森林，看见了壮观的瀑布，而最使他们激动的是见到了再生的恐龙：那些雷龙、三角龙、霸王龙、双脊龙等等，有的伸长了长达几十英尺的脖颈，有的吼声如牛，人们站在它们面前，宛如进入了小人国。不幸的是，那天岛上碰上了少有的雷暴雨，大风和闪电破坏了电网的供电系统，使得警戒电网失效，一些恐龙逃出了警戒圈，它们破坏了实验室和标本馆，甚至伤害了人，亿万富翁和科学家们使出全身解数，才从这场灾难中逃脱出来，坐上直升机，逃离了“侏罗纪公园”。

《侏罗纪公园》既然是科学幻想影片，那当然是虚构的，但我们期望，随着科学的不断进步，有朝一日，真正的“侏罗纪公园”会出现在世界上。

影片《侏罗纪公园》使得本来就带有神秘色彩的恐龙更具有吸引力，不只是古生物学家，许许多多的孩子们也对恐龙发生了兴趣，玩具店中的恐龙模型生意走俏。事实上，人类中谁也没有见到过恐龙，但恐龙留下的谜却吸引了很多的人，许多的问题还在不断地争论，我们将选择一些有趣的内容介绍给大家。

曼特尔发现了什么动物的化石

恐龙类动物出现在距今约2.25亿年的三叠纪，经过侏罗纪，消失于距今约6500万年的白垩纪，前前后后有着1.5亿年的历史，但人类直到相当晚的时候才知道有恐龙的存在。

人类发现恐龙是从研究恐龙化石开始的。

“化石”这个词原来字面的意思是指“挖出来的东西”，而现在指的是石化了的生物（包括动物或植物）的遗留部分。古代的生物被掩埋在沉积物中，这些沉积物可以堆积在陆地上，可以堆积在江、湖、河、海的水底，也可以堆积在沼泽地。生物体中的软组织部分（皮肤、肌肉、内脏等）很快就腐烂了，但是坚硬的部分（如骨骼、牙齿、外壳等）被遗留下来，经过了几万年、几十万年、几百万年甚至更长的时间，含有矿物质的地下水侵入了它们，矿物质就逐渐代替了它们的有机组织，也就是说逐渐形成了化石，化石仍然保持了原来有机组织的形状和大小。由于不同时期的化石存在于不同的地质层中，科学家就可以据此分析生物进化的过程，也可以通过对化石的分析，用比较解剖学的原理，从不完整的骨骼化石推测出整个动物的大小、形状乃至于它们的习性。

19世纪以来，研究岩石中的动物、植物化石并解释它们存在的一门特殊科学已经发展起来，这门介于生物学和地质学之间的学科，被称为古生物学。当时，经过与宗教和迷信的长期斗争，人们对于化石的本质有了较正确的认识，但那时候许多古生物学家还是“业余”的，英格兰的曼特尔就是其中的一个，他的主要职业是乡村医生，但他和他的妻子都爱好收集化石标本。1822年的一天，他的妻子陪他一同出诊，当他在为病人诊治时，他的妻子在屋外修路的工地上发现了一些奇特的牙齿化石。曼特尔描述说，这是一些很大的牙齿，根据牙冠被磨光的斜面来判断，很像是某种大型“厚皮兽类”已经磨损的门齿的一部分。曼特尔医生追踪找到了出产这批化石的采石场，他希望能找到这种兽类的其他部分的骨骼化石，但他未能成功。

这种牙齿化石出现在白垩纪铁砂组的岩层中，这使研究化石的专家们感到很惊异，因为这个地层太古老了，当时认为，在这个地层中根本不可能有哺乳动物的化石。

作为一名科学家，曼特尔对这种与当时传统观念不符合的发现持慎重态度，他希望在正式展示他的发现之前，多听听同行的意见，更希望得到著名专家的指点和支持。在伦敦召开的一次学术会议上，曼特尔把他发现的牙齿化石给三位著名的专家看过，这三位专家的回答使曼特尔失望，他们断言他的发现“没有什么特别的意义”。曼特尔并不甘心，他把一颗牙齿化石送到巴黎，请当时负有盛名的解剖学家巴龙·居维叶做鉴定，居维叶给他的答复说：“这是犀牛的一颗上牙。”

由于权威人士的断然否定，曼特尔明智地推迟了自己著作的发表时间。他把自己发现的牙齿化石带到了伦敦的亨特利安博物馆，与馆藏的各种化石标本进行了比较，结果未能找到与他发现的牙齿化石类似的标本。帮助曼特尔进行研究的一位青年科学家斯特契贝雷发现曼特尔找到的牙齿化石与他正在研究的中美洲生存的一种名叫大鬣蜥的牙齿很相似。普通的大鬣蜥只有 4 英尺（约 1.2 米）长，按牙齿的比例类推，曼特尔发现的“大蜥蜴”体长可达 40 英尺（约 12 米），显然这是一种已经灭绝了的巨大的食草爬行动物。

曼特尔将这种动物命名为“禽龙”。1825 年，他在英国皇家学会会刊发表的一篇简报中，报道了关于禽龙化石的发现，这篇文章可以说是第一篇正式发表的关于恐龙的论文。

16 年以后，有人提出了“恐龙”这个名称，以后陆续有巨齿龙、森林龙等恐龙化石被发现。居维叶也认识到自己犯的错误，他发表了一次谈话，承认在古代的某一个时期的确存在过一类食草的爬行动物，类似于现代的食草哺乳动物，而且可能是世界上最大的动物。

1834 年，曼特尔终于获得了既有牙齿又有其他骨骼较为完整的禽龙化石。当时，在英国的某个采石场放炮炸石时，采石场主人发现一大堆骨骼化石被炸出地面。他是一个科学爱好者，知道这些化石的重要性，他把散失的化石碎块尽可能地收集起来，并把这件事告诉了曼特尔。曼特尔惊喜地发现，这是一堆“很漂亮的化石”。

他向采石场主人出价 10 英镑，想把这批化石买下来，而采石场主人坚持要价 25 英镑，可是曼特尔由于长期从事化石研究，影响了他的行医收入，耗去了自己的积蓄，已经拿不出这么多钱来，后来还是朋友们出钱，替他买下了这些化石。

直到今天，这批禽龙化石连同它出土处的岩层，仍然陈列在伦敦大英博物馆的恐龙大厅里，留下了人类发现恐龙的历史见证。

恐龙一共有多少种类

要回答这个问题非常不容易，因为古生物学家的新发现一直在修改这个记录。我们知道，恐龙生存的时期非常长，前后持续了约 1.5 亿年，它们的化石埋藏得很深，不是轻而易举就能够发现的；它们生活的地域非常宽广，欧洲、美洲、亚洲、非洲和大洋洲都找到了恐龙的化石。恐龙的分类工作必须在积累大量恐龙化石的基础上才能进行。现代科学工作者非常感谢那些在野外辛勤工作的古生物学家和技工们，是他们又让我们“目睹”了远古时代的恐龙群。在恐龙化石的挖掘工作中曾经有过不少有趣的报道，以下介绍一二。

1877 年到 1888 年间，比利时贝尼沙特的一个煤矿中，当工人们在距地面约 300 米的井下挖掘一条新的巷道时，发现巷道正好从一条巨大的动物骨架中穿了过去。他们还发现仍有许多巨大的头骨化石留在岩石里。

煤矿的主人向布鲁塞尔的比利时皇家自然博物馆做了报告，经鉴定这类化石属于禽龙化石，而且数量非常多。在前后花费了三年多时间和大量的金钱和劳动后，这批化石才从煤矿中挖掘出来，并运到博物馆。又经过了约25年时间，才把这批化石修复装配好。在这个煤矿里共挖出了31具禽龙的骨架。比利时古生物学家多洛认为，这31条禽龙全都是老年个体，它们可能一同走进了这条峡谷，并死在这里。

在美国，19世纪后半期有两位著名的古生物学家，一个名叫马什，一个名叫科普，他们是学术上激烈竞争的对手，在挖掘恐龙化石上，他们也展开了竞赛。两个太平洋联合铁路公司的工人发现了一个化石分布面积大、含量丰富的恐龙化石产地，马什的助手去看了现场后写信回来说："骨化石的分布区连绵长达7英里，数量可以以吨计……非常密集，保存完好，而且易于采挖。"在这个地区出土的骨化石，全都属于侏罗纪晚期的恐龙，其中有一些是形状稀奇古怪的类型，例如身上有甲板的剑龙，庞大的梁龙和雷龙。科普缺乏别人的资助，但他用了自己的积蓄来挖掘恐龙化石，他在蒙大拿州采集到中生代已经灭绝了的恐龙化石，在新墨西哥州发现了极丰富的腔骨龙——这是一类身材较小，体态轻盈的食肉类恐龙的化石。

当马什和科普开始研究工作时，在北美洲已知的恐龙只有9个品种，而当他们各自完成已发现的化石的研究工作时，鉴定出的新品种已达36种以上。

恐龙属于脊椎动物亚门的爬虫纲古龙亚纲。恐龙的英文名字 Dinosaur 来源于希腊文，原意是“可怕的蜥蜴”。恐龙可以分为两类：一类叫蜥龙类，属于蜥龙目；另一类叫鸟龙类，属于鸟龙目。这两类龙主要的区别在于躯体骨盆的构造不同，蜥龙类耻骨向前，与原始的爬虫类动物一样，鸟龙类的耻骨面向背部，和鸟类一样。鸟龙类都是草食性的，而蜥龙类既有草食性的，又有肉食性的。

恐龙和原始爬虫类的主要区别，是它们用两脚在地上行走，虽然也有不少恐龙以四脚活动，但它们的后肢远比前肢发达。

鸟龙类的恐龙是以吃植物为生的，它们配备了一套能够彻底地咀嚼大量植物性食物的消化器官。为了抵御肉食性恐龙的侵犯，它们都有一些保护自己的器官。例如剑龙，是四足运动的恐龙，背部有两排大而垂直的骨板，可保护脊椎骨，尾部有数根长而尖锐的骨质针刺，这是一种能置敌于死地的防御武器。再如甲龙，是恐龙中的装甲车，除了有骨质的甲胄外，还有一条 4.5 米长的尾巴，尾端骨骼膨大成硬块，可以作为棍棒使用，以保护自身的安全。

蜥龙类中有不少是食肉动物，由于草食动物有了上述种种新的防御性适应进化，很快也引起了肉食性动物各种相应的适应性的平行发展。为了能加强攻击能力，它们向两足化和巨型化发展。有的肉食性恐龙的头部大得与身躯不成比例，长着可怕的大嘴巴和牙齿，同时，它们的前肢因为不再用来走路，就可以腾出两只前肢来抓握东西。例如暴龙，是大型食肉恐龙，身长14米，站立时高达6米，牙齿边缘呈锯齿状，能将猎物撕成碎片。

人们一般认为恐龙都是庞然大物，这并不完全正确。大多数的恐龙都很巨大，如1972年在美国科罗拉多州发掘到一种比腕龙还要大的恐龙化石，估计这恐龙的高度可达15米，身长可达30米，它的重量可能超过80吨；但也有体形很小，大小如鸡的恐龙。

恐龙是热血动物吗

在相当长一个时期内，人们认为恐龙是冷血动物，经过长时期深入的研究，越来越多的科学家认为恐龙是热血动物，虽然这样的争论还在继续，我们相信，解开这个谜不会拖太长的时间了。

现代的爬行动物，例如蜥蜴，属于冷血动物，或者称为变温动物，它们的体温是随着外界环境的变化而变化的，它们依靠吸收外界的热源，例如通过晒太阳来升高自己的体温。

热血动物有很强的代谢率以产生身体所需的热量，同时，它们也能够在体外温度变化较大的范围内进行活动。

美国哈佛大学的研究员贝克从解剖学、组织学等方面提出了恐龙是热血动物的证据。

从解剖学方面着眼，贝克研究了动物肢体以及动物肢体运动，它们反映出动物对能量需求的关系。他认为，如果动物的肢体是“完全直立”的姿势，那就说明这类动物动作敏捷，行动活跃，同时也就需要很多的能量。贝克做的实验表明，任何一只动物，它的最高奔跑速度，直接取决于它的腿的长度。腿愈长者，奔跑速度也愈快，如果要坚持快速的运动，而不是短暂地冲刺一下，那么需要输出的能量是非常大的。要维持这样高的能量输出，只有热血动物才能做到。从理论上估计，恐龙奔跑的速度是非常高的，可达时速 32~96 公里左右，能有这么高的速度，它们必然是热血动物。

在组织学方面，贝克研究了恐龙化石的显微结构。他将恐龙化石的骨头切成薄片，放到显微镜下去观察，发现恐龙骨骼显示出来的骨组织，是由一层层按同心圆排列的骨小板组织所组成，这个特征与现代任何一类爬行动物的骨头根本不同，相反，它却更相似于现代哺乳动物的骨组织，因此必须有丰富的血管群给它们提供营养，这一特征可以作为恐龙是热血动物的一个证据。

关于恐龙是热血动物还有很多其他的证据。1994 年 7 月美国北卡罗来纳州立大学的科学家们提出恐龙是热血动物，能够在寒冷的气候中进行需氧活动的证据。他们对保存完好的霸王龙的化石骨骼的化学结构进行了分析，通过对比恐龙躯体骨骼和肢、腿骨骼里磷的含量，他们发现，这两个部位的温差不超过 4℃，与大型热血哺乳动物的情况相同。

恐龙消失之谜

在6500万年之前的白垩纪后期，那些曾经统治了地球长时期的恐龙突然从地球上消失了，这个事件和恐龙奇特的体形一样，吸引了许多的专家和业余爱好者。他们从各个方面提出了恐龙灭绝的原因，归纳起来，大致有宇宙灾害、气象大变化、食物缺乏、疾病流行等几个方面。

宇宙灾害可以有多种情况，其中陨石对地球的冲击是一种。在浩浩太空之中，有着无数的星体和星体的碎片在运行。当某些星体或星体的碎片进入了地球的引力范围之后，它们便会以极大的加速度冲向地球，造成剧烈的碰撞。现在看来，虽然陨石对地球的碰撞曾造成过直径200公里的陨石坑，但对地球来说，损失只是局部性的。但能造成全球性灾害的外来天体的碰撞也不能完全排除。1994年7月，苏梅克–列维9号彗星的21块碎片和木星发生了碰撞，从侧面为这一理论提供了证据。这种被称为“太空之吻”的天文奇观是千载难逢的，它吸引了全世界的天文爱好者。根据初步观察的结果，彗星碎片与木星发生碰撞时，木星亮度增加，发生大规模的爆炸，并升起高达2000公里的火球，在木星表面留下了4个直径达几万公里的坑。其中第7块碎片以每小时21万公里的速度撞击木星时，产生的抛物面般尘云的直径相当于整个地球的大小，释放出相当于6万亿吨TNT

炸药爆炸的能量，瞬间产生的高温可能达到接近30000℃，撞击能量超出了地球上现在所有核武器爆炸能量总和的许多倍。如果这种灾难降临在地球上，其后果可能是毁灭性的。有人认为，外来天体对地球的碰撞是恐龙灭绝的主要原因。

宇宙造成灾难的另一种假说是磁场的突变。有人认为，地球磁场在一定时期内会发生“反转”，即南极变成北极，北极变成南极，此时，以前被磁力线转移了方向的各种宇宙线都进入了大气层，超过正常剂量的射线导致了生物遗传物质的变异，从而引起了大量生物的灭绝。

有一种学说认为，造成恐龙灭绝的原因是气候的大变化。这中间有部分学者认为，炎热的天气造成了大灾难。在连续炎热的气候下，地球上发生了旱灾，各种植物大片死亡，一些以植物为食物的恐龙失去了食物，相继死亡，而以其他类恐龙为食物的肉食类恐龙也接着死亡。还有部分学者认为，造成恐龙绝迹的气候原因不是炎热而是寒冷，过分的寒冷影响了植物的生长，同时，低温又影响了恐龙的孵化，使得小恐龙不能出壳。

还有一种学说认为，恐龙的灭绝是由于鳞翅目的昆虫（蝶类和蛾类）突然出现在世界上造成的结果，因为它们的幼虫阶段是贪吃植物的毛毛虫，这些毛毛虫过分的繁殖把所有的植物吃了个精光，从而造成了恐龙的“粮荒”。

英国一位植物学家，提出了一种假说，认为恐龙的灭绝与显花植物的出现有关，因为显花植物含有味道不好吃的鞣酸，为了寻找合适的食物，一些恐龙不得不迁移到别的地方去。这以后，显花植物又发展出一些含有植物碱的新种类，植物碱是有毒的物质，恐龙的味觉又比较迟钝，吃下去后就会产生严重的后果。

关于造成恐龙灭绝的假说还有不少，但大部分假说都无法解释，为什么在一场灾难之后，恐龙彻底灭绝了，而别的某些动物却能生存下来。如果像苏梅克—列维 9 号彗星碎片那样大的外星体冲向了地球，在摄氏几万度的高温下，任何生物都不能存活。气候的突然变化，其后果也应该是多方面的，不应该只造成了恐龙的灭绝。

尽管困难很多，当代的科学家仍在孜孜不倦地探索恐龙灭绝之谜，每一步成就都使我们更加接近答案，虽然它目前仍然是一个谜。

保护我国的恐龙化石资源

在我国辽阔的国土上，也埋藏着珍贵的恐龙化石。

1837 年，德国古生物学家在我国云南省发现了一种已知年代最古老的恐龙的完整骨架化石，德国人把它运回了德国，并命名为板龙。20 世纪初，美国、俄国、波兰等国的发掘队，纷纷来到我国内蒙古和蒙古人民共和国挖掘恐龙化石。中华人民共和国成立以后，我国的古生物学家相继在新疆、内蒙古和四川等地挖掘到恐龙化石，并且在进一步地进行研究。

我国也是恐龙蛋化石非常丰富的地方，从60年代到现在短短的30多年里，先后已有14个省、市、自治区发现了恐龙蛋化石，其中以广东、河南、山东及内蒙古等地区最多，而且保存得较为完整。研究恐龙蛋化石也是研究恐龙的一个重要方面，世界各国都很重视。

1993年下半年，河南省西峡县传来消息，那里发现了数量很大的恐龙蛋化石。据统计，在此之前，世界上已挖到的恐龙蛋化石仅500余枚，而西峡县挖出的恐龙蛋化石数量已经超过5000枚。这种恐龙蛋外形为椭圆形，其长径为50厘米，最大横径为25厘米，是目前世界上已知的最大的恐龙蛋。在西峡县发现恐龙蛋化石后，当地出现了滥挖恐龙蛋化石的情况，造成了一些珍贵化石标本的损害，走私分子也在这些地方活动，造成了少量恐龙蛋化石偷运国外的情况。1993年11月24日，中国科学院101位学部委员（现已改称院士）联名上书，要求采取紧急措施，保护我国的古化石宝藏。中央、河南省和西峡县对此都很重视，制定了保护的措施，这批“国宝”终于被保护起来，相信在科学家的研究下，这些恐龙蛋将会提供更多关于恐龙在中国的资料。

海豚之谜

海豚为什么如此聪明

动物界谁最聪明？你也许会说，是猴子。其实，海豚虽然没有猴子那般灵活的“手脚”，可它却比猴子更聪明。

到海洋公园去观赏的人，常常会被海豚聪明和机灵的表演所吸引。海豚的表演可真够精彩的：在训练人员的指挥下，海豚能够跳出水面，钻过一个个圆圈；它会将人们抛向水中的乒乓球衔回岸上，一来一往，与人配合得十分融洽；它会算算术；它会驮着人一起游泳；它还会把大半个身子立在水面上，向前或向后“走动”，有时几条海豚凑在一起，甚至还可以表演一场别有风味的“水球比赛”。海豚那灰黑色流线形的身体，矫健的游泳姿态，欢快活泼的样子，真是惹人喜爱。

看来，海豚能像陆地上的哺乳动物，如狗、熊、羊、猴一样，能够“思考”问题，接受指令，完成预定的动作，为人们表演特技。事实上，海豚虽然生活在海洋中，但它不是鱼类，而是一种兽类。它不用鳃呼吸，而是用肺呼吸，它是海洋里的一种哺乳动物，是鲸的“表兄弟”。

长期以来，人们一直认为猴子是最聪明的动物，但在驯养海豚的过程中，人们才发现，海豚的才能与智慧，不亚于猴子，而且还有过之而无不及。有人做过这样的试验：用同样的办法训练猴子和海豚，让它们用头部去推动一个电源开关。这个动作猴子要训练几百次才能掌握，而海豚只要 20 次就能够学会，甚至有一只海豚，只训练了 5 次就学会了。

海豚为什么这么聪明呢？科学家们经解剖发现，海豚的脑子很不一般。按照脑子重量占身体总重量的比例看，海豚脑子占体重的 1.7%，而人脑占整个体重的 2.1%，黑猩猩只占 0.7%。由于海豚个大体重，因此它的脑重量比人脑还要重大约 250 克。不仅分量重，海豚的脑子还像胡桃仁一样，有许多深沟、褶皱，而这点也是脑子发达的一种标志。

为什么海豚游得快，而且从不睡觉

海豚不仅脑子聪明，还是游泳健将。它可以和海船比速度、比耐力，能够一连许多小时，甚至好多天地跟着海船游。据估计，海豚的游速一般可以达到每小时 40~50 公里，有时甚至可达每小时 75 公里。这个速度超过了轮船，大概与陆地上的普通火车差不多了。

海豚为什么能游得那么快呢？起初，人们的注意力集中在它的流线型身体上，并模仿这种流线型做成模型，进行实验。结果表明，要使这种模型达到海豚游泳的速度，需要的推力大大地超过了海豚的体力，看来体形并不是游速快的最有利因素。科学家们经进一步研究发现，海豚的皮肤很特殊。海豚的皮下血管的分布极不均匀，头部很少，愈近尾部愈多，因此尾部的温度较头部要高。有人就认为，海豚尾部的较高体温有效地提高了周围的水温，相应的，水的密度减小了，摩擦力也就减小了，所以海豚就能高速运动。这是一种说法。另一种说法认为，海豚身体对水的摩擦力减小，是因为它的皮肤外层有许多小管，其中充满着海绵状物质，富有弹性。海豚游泳的时候，整个皮肤能随着水流做起伏运动，这样可以消除高速运动时产生的涡流，从而使阻力大大下降，所以海豚不费多大力气就可以游得很快。到底上述哪种说法对呢？不少人认为很可能两者兼而有之。

那么海豚为什么能够连着几天不休息地游泳呢？它不需要睡觉吗？确实没有人见过海豚在睡觉，它们总是不停地在游动。然而是动物就需要睡眠。研究发现，海豚的睡觉方式与众不同，非常奇特，它采取的是“轮休制”。海豚在需要睡眠的时候，大脑的两个半球处于明显的不同状态，一个大脑半球睡眠时，另一大脑半球却是清醒的。每隔十几分钟，两个半球的状态轮换一次，很有规律性。海豚的两个大脑半球是轮流交替着休息和工作的，因而它的身体始终能有意识地游动。有人曾给海豚注射一种大脑麻醉剂，看它能否安静下来，完全睡着。谁知这只海豚从此一睡不醒，丧失了生命。看来海豚是不能像人或其他动物那样静态地睡着的。为什么海豚的大脑独具这种轮休的功能呢？这个谜直到现在还未解开。

海豚在水中怎样“看”东西

海豚的游泳方式，是屏气潜水。它在潜泳之前，必须高跃在空中吸满一口空气，然后再屏住气息往下潜沉，直至憋不住气的时候，才再度浮上水面来。海豚的潜水深度，是受屏气时间影响的。而一只普通的海豚，每次屏气的时间可达一个半小时或更久。可见它的潜水本领是多么高超了。

令人惊奇的是，无论是在伸手不见五指的黑夜，还是在阳光不能直接透进的黑暗深海，都不会影响海豚的游泳和捕捉食物的速度。是海豚的眼睛特殊吗？不是的。科学家们经过反复实验发现，海豚探测方向和捕捉食物不是依靠眼睛，而是依靠它那特有的“声呐”。

什么是声呐呢？声呐是在水下利用回声来定位、测距和探测目标的一种设备。早期的声呐是在第一次世界大战期间发明出来的。当时的声呐还比较简单，它主要有一个发射换能器，能够发出一束短促的超声波。超声波在水中传播，当碰到潜艇等物体时，就会反射回来，被声呐接收器接收，在指示器上就可以显示出潜艇的方位和距离来。声呐现在已经成为潜艇的耳目，也是海底测量、海洋开发等方面不可缺少的工具。

海豚具有天然的“声呐”。在它的头部。长有一个发声的器官。这个器官能够向前发出一束平行而又直射的声音，在海水中传播。当声音碰到鱼群或者障碍物的时候，它便会呈反射式折射回来，通知海豚。海豚就凭听觉来收听这些声音。同时，根据收听到的声音的大小、强弱，可以判别出前面物体的形状、大小和距离等等。可见，海豚是靠声音在水中“看”东西的。

海豚声呐的“发射系统”是很灵敏的。平常的时候，它发出的声音只是一束短暂的“声脉冲”，就有点像钟表的摆轮在行走时所发出的“嘀嗒、嘀嗒”声一样。海豚这种“嘀嗒”的声脉冲，只是每秒钟几下，用来探索周围环境的动静。可是，当海豚一旦发现有鱼类或者其他目标时，声脉冲数目便会立即增加到每秒钟几百下，这样即使鱼儿游得再快，也难以逃脱海豚的“监视”和追击。此外，海豚的声音频率和我们人类所听到的声音频率也有所不同。人耳所能听到的声音频率，大约是在 20～20000 赫兹之间，而海豚所发的声音，却可以由几个赫兹到 20 万个赫兹。也就是说，海豚的声音有人耳能够听到的和人耳听不到的“超声”两种。

海豚接收回声的探测系统，更是精确得让人惊叹。科学家们做过多种有趣的实验。比如，在水池里安放很多根柱子，柱子之间留有很小的距离，把蒙上眼睛的海豚放进水池，这时，海豚仍然可以灵活迅速地从柱子中间来回穿行，而不会撞到柱子上。再如，在海豚游泳的前方，放置一块有洞的障板，拦住海豚的去路，结果，海豚会毫不犹豫地从障板的洞里钻过去，而不会撞在障板上。实验证明，海豚能够在几米以内发现 0.2 毫米粗的金属丝、1 毫米粗的尼龙绳或者 10 毫米长的小鱼。

海豚的声呐还具有识别目标性质的特点。人们曾多次试过，把一条真鱼和一条人造的假鱼放到海里，两者相隔一定的距离，海豚总会向着真鱼游去，而决不会上假鱼的当。如果在海豚前面并排放着一条它爱吃的小鱼和一条它不爱吃的大鱼，这时海豚就会冲向那条它爱吃的小鱼，而对那条大鱼置之不理。

也有人做过干扰性的试验，故意利用种种方法来干扰破坏海豚的回声探测系统，甚至在水中发射各种声音，或者把海豚本身所发出的声音收录下来，再重新向水中发射出去，以为这样就会使海豚迷失方向、晕头转向。可是，这些“假声”对海豚毫无影响，海豚照样能够探测目标，回避障碍物和捕捉食物。可见，海豚的声呐还有很强的抗干扰能力呢。

海豚的声呐如此灵敏精确，一个重要的原因是它有个发达的脑子。就像人们能凭借听到的讲话声判断是什么人讲话一样，海豚很有可能是把它收到过的各种回波信号统统记忆下来，而后每当收到新的目标回波时，就能够马上跟原来记忆的回波信号相比较，从而判断出目标。

海豚为什么乐于救人

海豚是人类的好朋友，被人们称为见义勇为的海上救生员。海豚救人的故事自古以来就有传说。近几十年来，有关海豚驱逐鲨鱼、救助海上遇难者的报道，绝不是虚构的，而是非常真实的。

1966 年，韩国一艘渔船在太平洋海面上捕鱼时不幸沉没，16 名船员中有 6 名当即丧生，其余 10 名船员在水中游了近 10 个小时，一个个累得筋疲力尽。就在他们求生无望之际，一群海豚匆匆赶来，围在他们周围，好像是要营救他们。这 10 名船员喜出望外，抓住海豚胸鳍就往海豚背上爬。不料，海豚却把身子往下沉，自动游到他们身底下，然后再把身子往上一抬，就把他们驮在背上了。就这样，海豚们驮着 10 名船员，一直游了 46 海里，然后猛地一使劲，把他们安全地送到了海岸上。

1972 年 9 月，据南非首都约翰内斯堡的新闻报道说，一位 23 岁的姑娘伊瓦诺所乘的船在离海岸 40 公里处的海面上，不幸被海浪打翻了，她拼命往岸边游，可是不一会就有一头鲨鱼向她游来，她甚至已经清楚地看见了鲨鱼狰狞的面目了，不由得下意识地闭上了眼睛，呼吸都快停止了。就在这时，有两只海豚出现在她的身边，它们把鲨鱼赶跑了，并且把她护送到靠近港口的安全地带。

1992 年，一艘印尼货轮正在大西洋海面航行，有两名海员不小心掉入海中。这时，一群海豚赶来，它们围成一个圆圈，把落水的一人托出水面，直到被救起为止。另一名船员在水中挣扎时，突然感到腰间被撞了一下，原来也是一只海豚。这只海豚一直陪伴着他，与他并肩游泳，一直游到船边。

海豚为什么会具有救人于死难的崇高精神呢？人们

一直感到不可思议。近几年来在人们对海豚进行认真研究后，这个谜才被解开了。说来其实也很简单：海豚救人的美德，来源于海豚对其子女的“照料天性”。

原来，海豚是用肺呼吸的哺乳类动物，它们在游泳时可以潜入水里，但每隔一段时间就得把头露出海面呼吸，否则就会被水淹死。因此，对刚刚出世的小海豚来说，最重要的事，就是尽快地到达水面进行呼吸。一般情况下，小海豚自己能够顺利到达水面，但若遇到意外的时候，便发生了海豚母亲的照料行为。它用吻轻轻地把小海豚托起来，或用牙齿叼住小海豚的胸鳍使之露出水面，直到小海豚能够自己呼吸为止。

这种照料行为是海豚及所有鲸类的本能行为。海豚最初的动机可能是仅仅救援自己的幼豚，但后来逐渐变成一种习以为常的天性，救助的对象已不限于自己的子女了。凡在水中不积极运动的物体都会引起它们的注意，并主动前去救助。科学家做过许多试验，结果证明海豚对于面前漂过的任何物体，不论是救生圈还是大木板，都会主动上前救助。有人看见过海豚救过狗的命。1955 年，某海洋公园里的一只宽吻海豚心血来潮，连续 8 天把一只年幼的虎鲨托出水面，结果这只倒霉的小鲨鱼因此而丧命。

此外，对年幼海豚进行照料并不限于它的亲生母亲，别的雌海豚也乐于这样做，它们往往相互配合，一起救助某个晚辈。有时，它们一起把幼海豚夹在中间，置于它们的共同保护之下。这就难怪海豚救人往往也是集体行动了。

飞鸟定向的秘密

远行的飞禽靠什么辨别方向，始终是人们百思不得其解的谜。例如，有一种北极燕鸥，它们夏季出生在北极圈 10°以内的地方，出生后 6 个星期就离家南飞，一直飞到远在 1.8 万公里外的南极浮冰区过冬。过冬之后，又飞回北方原来的出生地点去度夏。由于迂回弯曲，一来一去北极燕鸥的实际飞行竟达 4 万公里之遥。燕鸥飞越如此漫长的路程，竟丝毫不会迷航，它究竟是凭什么本领认路的呢？它那简单的头脑是怎样解决复杂的航行定向的问题呢？

我们知道，罗盘是在 12 世纪发明的，300 年后哥伦布才应用它横渡大西洋。但是早在几百万年以前，鸟就已经若无其事地在环球飞行了，而且在夜间也能依旧赶路。它们是靠什么来决定航向？北极星？太阳？月亮？风？气候？地磁？它们的方向意识又是从何而来？

科学家们对飞禽航行定向的现象进行了很多方面的探索，做了各种各样的观察和研究。下面就是几种影响较大、研究较深入的答案。

利用地球磁场辨认方向

不少科学家认为，一部分飞禽是靠地球磁场来定向导航的。信鸽导航就是典型的例子。

在交通与通讯不发达的年代，人们曾经利用鸽子送信。当人们远征的时候，尽管翻山越岭，辗转千里，但只要把书信捆在信鸽脚上，把它放出，它就会很快地辨别出回家的方向，径直飞回去，出色地完成传递家书的任务。

信鸽这种特殊本领，在20世纪40年代就引起人们的兴趣，并且系统地进行了研究。人们发现信鸽导航是靠地球磁场。

我们知道，地球上的每一个点都有它自己的地磁场强度和地球因自转而产生的科里奥利力（转动中出现的一种惯性力）。磁场对于生命，就和空气、水对于生命一样，是不能缺少的。空气和水，谁都能感觉到，可谁也没有感觉到身边存在着磁场。这是因为生物在长期的演化过程中，已经适应了这一物理环境因素。可是信鸽不但能清楚地知道自己居住地的地球磁场强度和科里奥利力的大小，并且能随时识别地磁场强度和科里奥利力的细微差异，它们就是凭借着这种特殊本领准确无误地飞回家的。

美国生物物理学家查尔斯·沃尔科特教授在20世纪70年代中期开始了寻找鸽子体内磁罗盘位置的实验。他首先测量了鸽子各块组织的磁性，然后选择出那些具有磁性的组织，分成更小的块，再依次测量各小块的磁性。研究的范围渐渐缩小，最后在每一只鸽子的体内都找到了天然磁性物质。1979 年，沃尔科特宣布说，他们已发现了鸽子体内的磁性物质。它只有不到 1 毫米大，位于眼窝后部靠近外侧的脑组织部位。

研究人员把鸽子的磁组织放在电子显微镜下观察，发现它是由神经纤维构成的。组织内有许多可以阻挡电子束通过的密实的微粒，这种微粒长 0.1 微米，宽 0.025 微米。这些微粒含有大量的铁，而铁是各种磁铁的基素。微粒中还含有少量的镍、铜、锌和铅。这些元素的成分和比例证明，信鸽的磁性物质是一种磁铁。研究人员测量了鸽子磁物质的居里点，也就是使磁性物质磁特性消失的温度，发现它的居里点同磁铁矿相等。最后用光学显微镜观察，进一步看到了极小的鸽子晶体，晶体的颜色正是磁铁矿所应具有的黑色。

飞禽是否真能凭地球磁力辨认方向，是争议了很久的问题。如今研究人员认为，不仅飞禽，鱼、昆虫甚至病毒都能感受到磁场。但动物怎样感知磁场却仍然是个谜。

20 世纪 90 年代的两项最新研究表明，光线可能是飞鸟感知磁场的重要因素。美国纽约州立大学的科学家发现麻雀是利用极光来校定其磁场指南针，从而确定方向的。而德国法兰克福大学的研究人员则发现银雀等一些鸟类是利用光线来感知磁场的。这些看法还有待于进一步深入的研究来证实。

根据太阳和星辰来导航

20世纪初，有人信口提出了一个假说，认为鸟类是依靠太阳来指引方向的。德国鸟类学家克莱默博士设计了一套实验方案，用以测验这一假说。

克莱默注意到，当迁徙季节来临时，笼中的鸟会惶惶不可终日地乱跳。此时，他把几只关在笼子里的鸥椋鸟放进一个圆形的亭子里，亭子里开个只能看见天空的窗，然后，他记录下亭中每只鸟栖息的位置。他发现，它们经常头朝着本应迁徙的方向。当窗户关上后，它们就会失去了方向，四处乱飞乱跳。后来，他装了一盏"灯光假太阳"，让人工太阳在错误的时间和方向升落。结果，亭中的鸟又朝向人工太阳的错误方向飞去。

克莱默博士的试验为太阳决定航向的假说找到了有力的证据。但是，在阴天或夜晚，没有太阳的时候，鸟儿又凭什么定向呢？而且，太阳位置也在不断地改变着，利用太阳测定方向是个非常复杂的问题。至少，鸟的身体中需要具备一种几乎相当于钟表的计时本领。英国生物学家马修斯指出，靠太阳指引飞行方向存在着各种困难，但迁徙和觅途还乡的飞禽确实有这种本领。他推论说，鸟儿的夜间飞行方向可以凭借当天日间的太阳方位来决定，然后尽可能整夜维持不变，也许还可以通过月亮和繁星的位置获取一些引导。

针对这种相当含糊的理论，德国佛雷堡大学的飞禽学专家绍尔博士提出了进一步的看法。他认为，飞鸟除根据太阳外，同样也能根据星辰决定它们的飞行方向。

绍尔博士主要研究长途飞行的莺，这种莺多半在夜间飞行。他一连做了很多夜间实验。他在迁徙季节把一批莺关在笼子里，摆在只能看见天上繁星的地方。他发现，莺们一瞥见夜空就开始振翅欲飞，而且它们每一只都会选好一个位置，像罗盘上的指针一样，对着它们曾一向迁徙的地方。他把笼子旋转到另一个方向上，莺们也跟着转向。他又把莺放在人造星空模型里，莺们还是选出了飞往它们在非洲冬季居住地的正确方向。但是，当人造星空的旋转圆顶把星辰位置摆错时，它们也就会跟着错。这个实验证实了飞鸟根据星辰来进行定位的推测。

那么，飞禽为什么能根据太阳和星辰来导航呢？有些科学家提出，光照周期可能是其中的关键因素。他们认为，飞禽的体内都有生物钟，这些生物钟始终保持着与它们出生地或摄食地相同的太阳节律。另外一些科学家则认为，飞禽高超的导航本领是由于它们高度发达的眼睛能够测量出太阳的地平经度。不过，这些假设目前都未有结论。

另外，其中还有一点疑问。我们知道，在星辰导航中最重要的条件莫过于星星的位置了。可天体并不是永恒不变的，像我们地球所在的太阳系行星都是在昼夜运行着，那些利用星辰导航的鸟儿为什么不会被那些明亮的运动行星所迷惑呢？这又是人们尚未揭开的奥秘。

遗传密码所决定的本能

现在一种比较流行的理论认为，鸟类的迁徙习性和辨识旅途能力是与生俱来的，这只能用遗传来解释。

鸟类的迁徙习性是由史前时期觅食的困难所造成的。那时，为了寻找食物，鸟儿不得不进行周期性的长途旅行。这样年复一年，世世代代，经过漫长的演化过程，各种迁徙习性就被记录在它们的遗传密码上，然后经过核糖核酸（RNA）分子一代一代传下来。因此，那些很早就被它们父母遗弃了的幼鸟，在没有成鸟带领，也没有任何迁徙经验的情况下，仍然能成功地飞行千里，抵达它们从未到过的冬季摄食地。

科学家们曾用鹳鸟做过实验。生活在德国的鹳鸟有两个品种，一个生活在西部，一个生活在东部，它们在一定季节都要迁飞到埃及去。但这两个品种的鹳鸟迁移路线并不相同。生活在西部的鹳鸟是飞越法国和西班牙上空，然后越过直布罗陀海峡，沿着北非海岸，飞抵埃及的，而东部的鹳鸟则绕过地中海的末端直抵埃及。

科学家把东部鹳鸟的蛋，移置到西部鹳鸟的窝里，待孵出小鸟后，加上标记以便辨认。令人惊奇的是，东部小鸟长大迁飞时，并没有跟随饲养它们的养母（西部鹳鸟）一起飞行，而是按照自己祖先固有的东部鹳鸟路线飞行。

这个实验生动地表明，鹳鸟迁飞选择哪一条路线，并不是简单地跟随长辈的结果，而是遗传因素支配下的本能。

那么，这种遗传能力究竟是怎样形成的？既然知识的获得性不能遗传，那么定向识途的知识又怎么可能编入遗传密码呢？这又是摆在遗传学家面前的一大难题了。

结束语

在对飞鸟飞行定向的秘密的研究中，人们还发现，除了对地球磁场的反应、利用太阳和星辰导航和自身的遗传因素之外，飞禽的红外敏感性，它们的嗅觉和回声定位系统可能也在定向中起了一定的作用。但是，究竟是哪一种因素直接决定着飞鸟迢迢千里远行却从不迷路，这一神秘又有趣的生物之谜正等待着今人去破解。

动物嗅觉之谜

人类生活在世界上，靠我们的感官去认识世界：用眼睛看，用耳朵听，用鼻子嗅，用舌头去尝，用身体去感觉（如用手去触摸），在这眼、耳、鼻、舌、身中，最灵敏的是嗅觉。饭烧煳了，隔几个房间就能闻到焦味，在远离公路几百米的地方，就能嗅到汽油味。

对于动物来说，嗅觉的重要性甚于人类。因为有的动物视力不好，有的动物耳朵不灵，靠了嗅觉，它们才能识别同伴、寻找配偶、逃避敌人、发现食物。

嗅觉生理是生理学研究中一个比较困难的问题，还有许多难点在等待科学家去探索，但是科学家已经积累了许多关于嗅觉的资料，光是这些信息，就足以使我们赞叹动物世界的无穷奥秘。

灵敏惊人的动物嗅觉

在感觉和判断微量有机物质方面，任何先进的检测仪器都不能超越人的鼻子。自然界中的气味多于几十万种，一般人可以嗅出其中几千种气味，而经过训练的专家则能嗅出几万种气味。虽然人和人之间的嗅觉会有差异，个别人由于病变而嗅觉迟钝，但大多数人都有很灵敏的嗅觉，甚至于在仪器尚不能测出之前，人就能嗅出花香和粪臭。近年来煤气的使用已越来越普及，如何防止煤气中毒也就成了一个大问题。由于管道煤气中的主要成分是一氧化碳，当人吸入之后，它会和血液中的血红素结合，造成窒息中毒，因为一氧化碳是无色无臭的气体，人们很难发现它的存在。科学家们在煤气中混入了一种称为硫基乙醇的物质，它有一股怪味道，当煤气微量泄漏时，人就可以嗅到它的味道，随之警觉起来，采取措施，堵塞漏洞。

和人鼻相比，狗鼻子更加灵敏。

在电影和电视剧中，我们常看见警犬破案的故事，警犬破案用的就是它灵敏的鼻子。我们知道，人身上有着丰富的汗腺、皮脂腺，每个人分泌出的汗液和皮脂液味道是不同的，我们称之为人体气味。人鼻子较难分辨不同人的人体气味，而狗却可以。将犯罪分子穿过的衣服、鞋子或用过的用品给警犬嗅过后，它就能顺着气味去追踪逃犯，或者将混在人群中的坏人嗅出来。

海关人员利用狗的特殊嗅觉功能，训练它们搜寻毒品。目前，贩毒、吸毒已成了世界性的犯罪行为，罪犯携带毒品的手段也越来越狡猾。经过训练的狗能够搜寻出藏于行李中或汽车中各个角落或夹层中的毒品，它们屡建奇功，使得贩毒分子闻狗丧胆。目前，科学家们又发现猪的嗅觉也很灵敏，有的海关已开始训练猪来做毒品的“检查员”。

在瑞士等多山国家中，高山滑雪是人们喜爱的一种运动，但由于雪崩等自然灾害造成的事故，常常有滑雪者被埋于雪中。当地人训练了一批救护犬，每当发生雪崩或滑雪者失踪的事件时，就派这种救护犬上山寻找。它们身背标有红十字的口袋（其中装有应急的药品、食物等），和救援队员一起跋涉于高山积雪之中，由于它们的努力，不少遇险者获得了第二次生命。

在欧洲的一些城市，煤气公司训练了一批狗作为“煤气查漏员”。由于管道煤气的使用日趋广泛，要查找埋藏于地下的煤气管道的泄漏是一个难题。如果不能找到泄漏处，漏出的煤气在地下某一地方会积累起来，它们一遇上明火就会发生爆炸或燃烧。在查漏方面，狗是人类得力的助手，一发现问题，它就会狂吠不止，以引起人们的重视。

狗还是很好的地雷搜寻者。在现代化的战争中，布雷成了保护自己、消灭敌人的重要手段。过去多用金属探测器来查找地雷，因为大多数地雷是用金属作为外壳的。后来，兵工专家改进了外壳材料，采用塑料或其他非金属性材料来做外壳，一般的金属探测器就找不出它们了。经过训练的狗能够嗅出火药的气味，所以不管用什么材料做外壳，它们都能把地雷查找出来，在战争中，它们的工作挽救了成千上万战士的生命。

还有的地质部门，训练狗帮助人们查找矿藏。

除了狗以外，金丝雀、小白鼠等动物，也有很好的嗅觉。

在煤矿中，有毒或易燃气体的存在，常引起井下爆炸，或发生煤矿工人中毒的事故。人们发现，金丝雀对于这类气体很敏感，矿井中存在的微量有毒气体在对矿工尚未造成威胁时，金丝雀就会出现窒息中毒的症状，所以，一些矿工在下井时带着金丝雀，将它们作为“生物报警器”。同样的办法也在某些生产有毒气体的工厂中使用。

小白鼠的嗅觉也很灵敏，在英国的旧式潜艇上，曾用过小白鼠作为汽油泄漏的“报警员”，一旦有汽油泄漏，小白鼠就会吱吱地叫起来。

鱼类洄游的秘密

人和高等哺乳动物是依靠鼻子来辨别气味的，而鱼却不一样，鱼类的嗅觉器官和味觉器官都长在嘴巴周围和唇边上。有些鱼的同类器官分布在鳍上或在鱼皮上，在这些地方有一种纺锤状的细胞。这些细胞是一种感受器，能从周围的水中接收各种信息。

鱼利用嗅觉去觅食，有些老龄的鱼已完全丧失了视力，但依靠嗅觉，仍然能找到食物。但灵敏的嗅觉，有时也会给鱼带来灭顶之灾。有一种称为长嘴青鸬鹚的鸟，就是利用鱼的嗅觉来引鱼上钩的。它会向水中分泌一种气味强烈的脂肪类物质，一些鱼循水中气味游来，然而等待它们的不是“美味”，而是青鸬鹚的利嘴。

还有一种生活在水中的动物蝾螈靠嗅觉来寻找配偶。科学家做了一个试验，在蝾螈的生殖期间，将一块海绵浸入雌蝾螈生活的水中，然后再把这块海绵放入小溪上游，于是许多雄蝾螈逆水而上，聚集到这块海绵的周围。如果将海绵浸入普通的水中，再做同样的试验，雄蝾螈就没有反应。由此可见，雌蝾螈向水中分泌了某种激素，雄蝾螈“嗅”到了这种激素，从而向雌蝾螈靠拢。

一些鱼类的洄游是自然界中有趣的现象。在溪流中，每年有不少鱼产的卵，受精卵孵化成小鱼后，它们就顺流而下，由小溪游进小河，再进入大江，经过几千公里的游程，最后进入大海。小鱼在大海中长成了大鱼，当产卵季节又来临时，它们会循着小时候游过的路线。再回到童年时的“家乡”，在那里产卵。是什么因素引导着鱼类游向它们的家乡呢？根据研究，是它们家乡溪流中水的成分和水的气味。它们家乡的土壤、植物和动物特有的气味溶解在河水之中后，成为引导鱼类洄游的“路标”，在这中间，鱼类的嗅觉起了至关重要的作用。

科学家们利用鱼类凭嗅觉觅食、靠嗅觉决定洄游路线的生活习性，制造出人工模拟的“气味”环境，用于捕鱼以及引导鱼群进入较清洁的水域，这对于渔业生产是大有益处的。

至于鱼类如何在海中寻找到它们熟悉的江口，从而循气味游向家乡，这仍然是一个未解之谜。

昆虫靠嗅觉寻找配偶

和人类、鱼类不同，昆虫的嗅觉，既不靠鼻子，也不靠皮肤或嘴唇上的感受器，它们靠的是嘴巴周围的触角或触须，这是昆虫的化学感受器官。在触角上，遍布着接收和处理气味信息的嗅觉细胞和神经网络。在麻蝇的触角上，有 3500 个化学感受器，牛蝇的触角上则有 6000 个，而蜜蜂中工蜂的触角上更有 12000 个化学感受器。正因为有了这些先进的“工具”，它们的嗅觉才特别灵敏，普通的家蝇可以识别 30000 种化学物质的气味。

蚂蚁依靠嗅觉来区分“敌我”，同一家族的蚂蚁，有着相同的气味，而外来的入侵者，由于气味不同而很容易被察觉。一只其他家族的蚂蚁，如果不慎走入，它们很快就能被识别出来，而且将受极刑处罚。如果将外家族蚂蚁的提取物涂到本家族的一只蚂蚁的身上，由于气味的变化，它也会招致杀身之祸。

昆虫的嗅觉还用于寻找配偶。在昆虫的繁殖期，雌性的昆虫能释放出一种叫作性引诱剂的激素（又称性信息素），雄性的昆虫嗅到了这种气味后，就飞向雌性的昆虫。在交尾之后，雌性昆虫就不再释放这种激素。雄昆虫对这种性引诱剂的嗅觉特别灵敏，科学家曾做过一个有趣的试验，在几只雄蛾身上用油漆做上记号，把它们和关在笼中的雌蛾分开，并带到距离远近不同的地点，然后将它们一一放出，30 分钟后，第一只雄蛾飞到了雌蛾笼边，它飞行了5公里。以后，另一只相距11公里的雄蛾也飞到了，据分析，在那种距离的范围内，性引诱剂的含量已稀释到每1立方厘米的空气中只有1个分子，而雄蛾依然能分辨出。

科学家们利用现代的分析手段，搞清楚了一些昆虫性引诱剂的结构，并且在实验室中用化学方法合成了同样的激素。利用这些人造的性引诱剂在农田中捕杀害虫，已成为当今一种新的植物保护手段。

动物语言之谜

人类有语言，这是人类与动物的重大区别之一。

随着人类社会的形成与发展，由于集体劳动和生活的需要，彼此之间要交流思想，于是，语言就诞生了。语言的使用，促进了人类的思维，使得大脑更加发达。语言的使用，也促进了劳动经验的交流和积累，从而加速了生产力的发展。

动物有语言吗？有的小朋友也许会说：“有，我们看的动画片中，唐老鸭、米老鼠不是都会说话吗。”的确，在童话中，在动画片中，动物都会说话，不过别忘了，这是人们用拟人的手法在讲动物的故事。

在动物界中，的确有“语言”存在，这是一门非常引人入胜的学问。有些科学家，毕生都在和动物交流，记录、分析动物的“语言”，从中了解这些“语言”的含义，了解动物是怎样交换感情和信息的，他们的工作已经获得了很好的成绩。

表达意思和交流感情的工具

和人类的语言相比较，动物的“语言”要简单得多。在同种动物之中，它们使用“语言”来寻求配偶，报告敌情，也可以用来表达友好、愤怒等感情。春天，是猫的发情期，一到晚上，猫就会出去寻找配偶，人们常可以听见猫拖长了声调的叫声，这是在吸引异性。动物的“语言”，也用来沟通动物和主人的关系。夜晚，在农舍前，传来一阵陌生人的脚步声，看门狗伸长了耳朵，随着声音的接近，它狂吠起来，这是告诉主人：有陌生人靠近我们的家，要警惕。

虽然鹅的叫声都是单调的“嘎、嘎、嘎”声，有位叫劳伦茨的教授却成功地翻译出了鹅的“语言”。如果鹅发出连续 6 次以上的叫声，意思是说：“这里快活，有许多好吃的东西。”如果刚好是 6 个音节，则表示：“这儿吃的东西不多，边吃边走。”如果只发出 3 个音节，那就是说：“赶快走，警惕周围，起飞！”鹅发现狗的时候，会从鼻腔中发出一声“啦”的声音，鹅群们一听到这个声音就惊恐地拍动双翅，慌忙逃走。

狒狒是一种低等灵长目动物，在中央电视台的《动物世界》节目中，曾经介绍过它们的群居生活。根据科学家的分析，狒狒的语言已经很复杂，它由声音和动作两个部分组成，它们的语言包括 20 多种信号。当发现敌情时，狒狒王会发出一种特殊的叫声，警告其他狒狒逃走或准备战斗。在动作上，狒狒可以有十几种眼神，它的眼、耳、口、头、眉毛、尾巴都可以做出动作，表示出友好、愤怒等感情，如此丰富的声音和动作，就组成了狒狒复杂的“语言”系统。

鸟类的“语言”也是我们非常熟悉的，人们常用“莺歌燕舞”“鸟语花香”来形容我们美好的祖国。研究鸟的“语言”的科学家发现，鸟的“语言”可以分为“鸣叫”和“歌唱”两种。“鸣叫”指的是鸟类随时发出的短促的简单的叫声，它们常常是有确定含义的。例如，鸡（鸡也属于禽类，是飞鸟的“亲戚”）的“语言”是我们常听见的。在温暖的阳光下，鸡妈妈带着一群小鸡在觅食，它用“咯、咯……”的叫声引导着小鸡，而小鸡的“唧、唧……”的叫声也使鸡妈妈前后能照应它的孩子们。这时，天空中出现了一只老鹰，鸡妈妈立刻警觉起来，向小鸡们发出警报，展开双翅，让小鸡们躲藏在它的翅膀下。

至于“歌唱”，主要是指在繁殖季节由雄鸟发出的较长、较复杂的鸣叫，关于这些“歌唱”的意思，科学家有不同的分析，归结起来有两种观点，一种认为是雄鸟在诱惑雌鸟，另一种认为“歌唱”是宣布“领域权”，表示这块地方已经属于它所有，别人不得侵犯。

科学家发现，海豚也有自己特殊的“语言”。在海洋生物中，海豚的“语言”是最复杂的，它可以使用多种声音和信号，用来定位、觅食、求偶和联络。

动物语言中的方言

在人类的语言中，因为地区差异，各地有自己的方言，一个北方人来到南方，或者一个南方人去到北方，一时听不懂那里的方言。在动物中，同样也存在着类似的情况。

每一种飞鸟几乎都有自己独特的语言，而且互不相通。有这么一个故事，在某个动物园中，一只野鸭闯入了红鸭的窝中，把老红鸭赶走，自己帮助红鸭孵出了一窝小鸭，可是这些小红鸭根本听不懂野鸭的“语言”，不听从它的指挥。小鸭们乱成一团，野鸭也毫无办法。后来来了只大红鸭，它只讲了几句“土话”，小红鸭就乖乖地听它的话了。

不仅不同种动物之间语言不通，而且同种动物之间也有方言。美国宾夕法尼亚大学的佛林格斯教授研究了乌鸦的语言，而且将它们的语言用录音机录制下来。当成群的乌鸦从天上飞过时，佛林格斯教授在地上播放他先前录制的乌鸦的“集合令”，这时乌鸦群就乖乖地降落在地上。当他将乌鸦的“集合令”录音带带到另一个国家去播放时，就不灵了。他发现，居住的国家和地区的不同，乌鸦的语言也不一样，法国的乌鸦对美国乌鸦的“讲话录音”就一窍不通，甚至于对它们的报警信号也毫无反应。

科学家又发现，海豚的“语言”是世界通用的。一只海豚总是默不作声，若有两只海豚碰到了一起，“话匣子”就打开了，它们一问一答，可以聊上很长的时间。为了研究海豚的语言，美国科学家曾做了一个“海豚打电话”的实验，把两只海豚分别关在两个互不联通的水池里，通过话筒和扬声器让它们互相“交谈”，然后录下它们谈话的内容，进行分析。当科学家将来自太平洋和大西洋的两只海豚分别置于两个水池之中时，这两只家乡相距 8000 公里的海豚，竟然通过“电话”交谈了半天。

动物的舞蹈语言和哑语

语言并不全是有声音的。聋哑人之间的交谈，全部靠哑语，也就是靠规范化了的手势和表情。在动物界中，也有“哑语”。

蜜蜂之间的“交谈”，是通过舞蹈来表达的。如果说它们全是用“哑语”，这也不确切，因为蜜蜂除了舞蹈的姿势以外，还要用翅膀的振动声来表达。振翅声的长短，表示蜂巢到蜜源距离的远近，振翅声的强弱则表示花蜜质量的好坏，这样，蜜蜂就能通过“舞蹈语言”和“振翅语言”把蜜源的方向、距离、蜜量多少等信息通报给伙伴。

人们很想通过“语言”来与动物通话，其中最普遍的也许是人与狗之间的交流。人们常说，狗对主人忠诚，确实，狗对主人的声音十分熟悉，只要略加训练，它就能根据主人的口令趴下、跃起、坐下、站立、前进等等。

人们曾设想训练黑猩猩“说话”。黑猩猩的智力在动物界中居上等，而且它们许多地方也和人相似，例如，猩猩没有尾巴，和人一样有32颗牙齿，胸部只有一对乳头，母猩猩每月来一次月经，怀孕期也是9个月。猩猩和人的血液成分也很相似，也有不同血型，面部也同样可以表现出喜、怒、哀、乐等各种表情。但可惜的是，它们的发音器官极不发达，大多利用手势来表达意思。

在美国，有一对名叫加德纳的夫妇，采用美国聋哑人通用的哑语，去教授一只名叫“娃秀”的雌性猩猩。这只小猩猩出生后18个月就在热带森林中被人捕获，从此成为加德纳夫妇的“养女”。他们非常用心地训练娃秀，和它生活在一起，给它创造非常好的学习环境。为了不使声音干扰娃秀的学习，在小猩猩在场时，他们自己就用手势交谈。经过两年的训练，娃秀可以理解和领会60种手势，其中有34种可以在日常生活中灵活运用，如“吃”“去”“再多些”“上”“请”“内”“外”“急”“气味”“听”“狗”“猫”等等，它还能将一些手势连贯起来。

人们期望，将来能训练猩猩来进行一些简单的劳动。

利用动物“语言”为人类服务

科学家利用鸟的“语言”来驱赶鸟类。在飞机场的附近，大量鸟的存在是很危险的，万一它们和正在起飞或降落的飞机相撞，会造成不堪设想的后果。机场人员设法录下了鸟群的报警信号，并且在扩音器中不断播放，使得鸟群惊恐万分，远走高飞。

科学家也正在利用鱼的“语言”来捕鱼。凭借高水平的声呐仪来探测鱼群的位置，指导渔船下网，还可以人工模拟能吸引鱼的声音，如小鱼在活动时的声音，用来引诱鱼群靠近。

人类在寻找宇宙中的生命时，也考虑过和天外生命“对话”的问题。科学家录制了世界名曲，在太空中播放，希望能够引来知音。人类也希望能与“太空人”对话，但用什么语言去和他们交谈呢？有科学家建议使用“海豚语”，理由是海豚的智力相当发达，它也希望能和人类进行交流。如果科学家的假设能实现，那将是一次很有意义的尝试。

有趣而奇妙的动物冬眠

动物的冬眠各具特色

冬天来到了，熙熙攘攘的大自然变得十分宁静，原来，许多动物开始冬眠了。它们的体温降低，各种生理活动变得十分缓慢，能量的消耗也降低到最少的水平，能在不吃不喝的情况下，依靠体内贮存的养料度过漫长的冬季。

动物的冬眠是一种奇妙而神秘的现象。它们在冬眠之前，大多进行过一番紧张的准备工作，大吃大喝，使体内的皮下脂肪大为增加，把自己养得又肥又胖，有时积累的皮下脂肪竟会超过正常时的体重，以备长期消耗之用。人们观察了若干种动物的冬眠，发现了不少意想不到的东西。

在加拿大，有些山鼠，冬眠长达半年。秋天一来，它们便掘好地道，钻进穴内，将身体蜷缩一团。它们的呼吸，由逐渐缓慢到几乎停止，脉搏也相应变得极为微弱，体温更直线下降，可以达到 5℃。这时，即使用脚踢它，也不会有任何反应，简直像死去一样，但事实上它却是活的。

松鼠睡得更死。有人曾把一只冬眠的松鼠从树洞中挖出，它的头好像被折断一样，任人怎么摇撼都始终不会睁开眼，更不要说走动了。甚至把它抛在桌上，用针扎它也刺不醒。只有用火炉把它烘热，才悠悠而动，而且还要经过颇长的时间。

刺猬冬眠的时候，连呼吸也简直停顿了。原来，它的喉头有一块软骨，可将口腔和咽喉隔开，并掩紧气管的入口。生物学家曾把冬眠中的刺猬提来，放入温水中，浸上半小时，才见它苏醒。

蝙蝠的睡姿十分惊险。它们是用两脚倒悬着冬眠的，这样经过整个冬天，竟然不会跌下。冬眠时，它们的呼吸有时可以停顿一刻钟，仍然安然无恙。而且，蝙蝠妈妈此时正怀着孕呢。蝙蝠在秋末交配，雌性蝙蝠受精后，即把精子贮藏在子宫内，并供给它适量的养料（肝糖），到翌年春暖，一边排卵，一边给精子解冻。这一生活习性的好处是保证了它一定能受孕。

动物的冬眠真是各具特色：蜗牛是用自身的黏液把壳密封起来。绝大多数的昆虫，在冬季到来时不是“成虫”或“幼虫”，而是以“蛹”或“卵”的形式进行冬眠。熊在冬眠时呼吸正常，有时还到外面溜达几天再回来。雌熊在冬眠中，让雪覆盖着身体。一旦醒来，它身旁就会躺着 1~2 只天真活泼的小熊，显然这是冬眠时产的崽。

动物冬眠的时间长短不一。西伯利亚东北部的东方旱獭和我国的刺猬，一次冬眠能睡上 200 多天，而苏联的黑貂每年却只有 20 天的冬眠。

诱发冬眠的因素和物质

动物的冬眠，完全是一项对付不利环境的保护性行动。引起动物冬眠的主要因素，一是环境温度的降低，二是食料的缺乏。科学家们通过实验证明，动物冬眠会引起甲状腺和肾上腺作用的降低。与此同时，生殖腺却发育正常。冬眠后的动物抗菌抗病能力反而比平时有所增加，显然冬眠对它们是有益的，使它们到翌年春天苏醒以后动作更加灵敏，食欲更加旺盛，身体内的一切器官都会显出返老还童的现象。

由此可见，动物在冬眠时期神经系统和肌肉仍然保持充分的活力，而新陈代谢却降低到最低限度。今天医学界所创造的低温麻醉、催眠疗法，便是因此而得到的启发。

科学家又进行了进一步的探索。在赤日炎炎的夏天，他们从人工条件下进行冬眠的黄鼠身上抽出血液，注入活蹦乱跳的黄鼠的腿部静脉中，这只被注入血液的黄鼠便进入冬眠状态。这就表明正在冬眠的黄鼠的血液中可能有一种能诱发冬眠的物质。试验结果还表明，已连续冬眠两三周的动物的血液，比起刚进入冬眠状态的动物的血液来，其诱发冬眠的作用更强烈，看来这种物质会随着冬眠时间的推移而日积月累。那么它又是一种什么样的物质呢？据观察，冬眠时黄鼠的血液中有三种至今无法鉴定的颗粒。与正常黄鼠相比，冬眠黄鼠血液中的红血细胞较为结实，不易分解，其中许多呈皱褶状。进一步研究表明，诱发冬眠的物质主要存在于血清之中，这是一种小到足以通过分子筛的物质，有时这些物质也会黏附在红血细胞上，因而红血细胞也有诱发冬眠的作用。

昆虫自制“防冻液”

和我们人类一样，鸟兽都是温血动物，那冷血动物昆虫又是怎样熬过漫长的冬季呢？许多冬眠的昆虫会不会冻结呢？

昆虫学家进行了长期的观察和研究，终于查明了昆虫越冬的部分奥秘。冬天，为了防止汽车散热器结冰，人们要加入防冻液。昆虫竟然也会采用相似的办法，在严寒的冬季保护自己。

在冬天，昆虫要保持活力，不被冻僵是至关重要的。活的组织一旦被冻结，膨胀的冰晶体势必使细胞膜受到破坏，造成致命的创伤。当细胞里液体不足，不能保持维护生命所必需的酶活性时，即使没有被完全冻结，也会造成死亡。那么，昆虫是怎样解决这一难题的呢？它们主要是靠降低体内液体的冰点，从而提高抗寒能力。

昆虫为了抗寒只得设法降低体内液体的凝固点，当它们处于冰点以下环境时，体液不冻结，或者减慢细胞内液体冻结的速度，甚至当细胞外液体冻结时，细胞内液体仍能起正常的作用，这样昆虫在低温中便可以保持活力。降低体内液体的冰点，办法就是产生大量的“防冻液”。昆虫的这类防冻液，在化学性质上类似于冬季汽车用的防冻液，是甘油糖醇。昆虫将自己内脏排空，产生出这类防冻物质，从而提高体内液体中溶质的浓度来降低冰点，这就如同盐水比清水的冰点要低一样。昆虫的防冻液分子里含有多羟基，易与水分子里的氢结合，可大大地降低防冻液分子凝聚成冰的温度。隆冬季节，有些昆虫的防冻液可达体重的 35%。但到来年 4 月末时，它们体内的这类甘油糖醇防冻液几乎完全消失了。

如同大型的动物一样，许多昆虫在冬眠前也要增肥，积聚过冬所需的营养。它们减少体内的液体，净化剩余的液体，这样它们才能自如地使用“防冻液”，才能战胜低温。

昆虫是怎样制造防冻液的呢？天暖之后又是怎样将防冻液除掉的呢？为什么要除掉防冻液？这些还是未解开的谜，有待于人们去探讨。值得补充的是，科学家们又发现，蛙类也会自制防冻液。

在实验室中，科学家们将许多青蛙冷冻起来，5~7 天后，再慢慢地使之解冻。这些青蛙解冻后还依然活着。经过认真分析和研究，科学家们终于发现了青蛙能够存活的秘密。他们在这些青蛙的体液中发现了一种人们在防冻剂中常用的物质：丙三醇。与昆虫相似的是，到了春天，在这些青蛙的液体中也找不到这一物质了。

结束语

至今，人们尚未能完全揭开动物冬眠的奥秘。但是科学家们通过不断探索，已经认识到，研究动物的冬眠不仅妙趣横生，而且颇有价值。这些研究的每一个新突破，都能为农业、畜牧业和医学的发展提供有益的启示。

揽奇植物王国

“吃人树”和食肉植物之谜

世上真有“吃人树”吗

人们都知道有不少动物是吃肉的，可是植物当中也有吃肉的，你知道吗？甚至还有不少关于吃人树的传说呢。

传说中的吃人树是一种神奇而又可怕的植物。在近数十年中，国外的许多报刊上不断刊登了有关吃人植物的报道。其中有一篇文章是这样描绘吃人树的：

> 这种奇怪的树，外形与柳树近似，长有许多长长的枝条，有的半垂在空中，有的拖到地上，就像一根根断落的电线。行人如果不注意碰到它的枝条，枝条就会马上紧紧卷起来，使人难以脱身，仿佛被无数根绳索绑住一般。接着，枝条上分泌出一种极黏的消化液，牢牢地把人黏住、勒死，并消化肌肉、皮肤，直到将人体中的营养吸收消化完，枝条才重新展开，而地上往往只留下一堆白骨。

这是多么可怕的植物啊！类似这样的文章还有不少。有的报道说这种植物就生长在印度尼西亚的爪哇岛上，有的说在南美洲亚马逊河流域的原始森林中也发现了吃人植物。由于文章中详细逼真的描写，结果使很多人都相信，在我们这个人类居住的星球上，似乎真的存在一种会吃人的植物。

科学家的考察和研究

吃人植物的传说，很容易使普通人信服，可是严肃认真的植物学家却对此产生了很大的怀疑。因为在所有发表的关于吃人植物的报道中，都缺少吃人植物的真凭实据，即清晰的照片或实实在在的植物标本。植物学家们决心把吃人植物的问题查个水落石出。

吃人植物的最早传说是从哪里来的呢？科学家们查阅了大量文献资料，终于发现，有关吃人植物的最早消息来源，是来自于19世纪后期的一位德国探险家。此人名叫卡尔·里奇，他在去非洲探险归来后于1881年写过一篇探险文章，提到过吃人植物。卡尔·里奇在文章中写道：“我在非洲的马达加斯加岛上，亲眼见过一种能够吃人的树木，当地的土人把它奉为神树。这种树的树干有刺，长着8片特大的叶子，每片长达4米，叶面上也有锐利的硬刺。曾经有一位土著妇女，恐怕是因为违反了部族的戒律，被许多土著人驱赶着爬上神树，接受神的惩罚。结局十分悲惨，树上的带刺大树叶，很快把那个女人紧紧地缠住，几天之后，当树叶重新打开时，一个活生生的人已经变成了一堆白骨。”于是，世界上存在吃人植物的骇人传闻，很快就四下传开了。后来，从亚洲和南美洲的原始森林中，也传出了类似的传闻，吃人植物的消息越来越多，越传越广。

为了证实这些传闻，1971 年年底，一支由南美洲科学家组成的大型探险队，专程赴马达加斯加岛考察。他们在传闻有吃人树的地区进行了一遍又一遍的仔细搜索，结果并没有发现卡尔·里奇所描述的吃人树。不过，科学家们倒是在那儿见到了一些能够捕食昆虫的猪笼草，以及一些带刺的荨麻科植物。这种荨麻科植物会像刺毛虫那样刺痛人的皮肤，但离吃人还差十万八千里呢。看来 100 多年前德国探险家里奇的说法，只能被当成是有趣的神话故事，而不能作为严肃的科学依据。植物学家们通过这次考察，更增添了几分对吃人植物真实性的怀疑。

1979 年，英国一位毕生研究食肉植物的权威艾得里安·斯莱克指出，到目前为止，在正规的学术刊物上还没有发现有关吃人植物的记载，就连最著名的植物学巨著《植物自然与科学志》，以及世界性的《有花植物与蕨类植物辞典》中，也没有这方面的描写。除此以外，英国著名生物学家华莱士，在他走遍南洋群岛后，叙述了许多罕见的南洋热带植物，但也未曾提到过吃人植物。所以植物学家越来越倾向于认为，世界上也许根本就不存在这样一类能够吃人的植物。

确有食肉植物，但不会吃人

既然没有真凭实据，那么吃人树的传说又是如何传出来的？为什么又有不少人深信不疑呢？一些科学家分析，这种传说可以刺激读者的神经，引人入胜，报刊乐于发表，而吃人树的出现，很可能是根据一类食肉植物捕捉昆虫的特性，经过想象和夸张产生的。

食肉植物没有动物特有的嘴和牙，怎么能吃和咀嚼呢？植物也没有动物特有的胃，怎么能消化食物并吸收营养呢？在地球上，确实存在着一类奇特的植物，它们能利用巧妙的方法捕捉昆虫甚至小动物来充当自己的食物，所以植物学家把这类植物称为食肉植物或食虫植物。

整个食肉植物家族的成员，共有500多种，分布在世界各国。我国也有30多种食肉植物，比如在长江流域和广东等地的山坡湿地和松林旁的草地里，生长着一种著名的食虫植物——毛毡苔。毛毡苔圆盘一样的捕虫叶，平铺在地面上，像一个莲花座，叶片上生满紫红色的腺毛，叶的边缘上也生长着很长的腺毛，腺毛分泌的黏液又香又甜，黏性很强，吸引着贪吃的小昆虫。当草地上的小昆虫跳到毛毡苔的叶盘上后，虫体就会被黏液黏住，叶缘上灵敏的长腺毛，迅速弯曲把小虫包紧。长腺毛尖端分泌出的黏液，很快将小虫消化作养料。然后，腺毛又向四面散开，准备捕捉新的食料。

在我国广东、海南岛一带，猪笼草是一种很有代表性的食肉植物。它叶子卷曲的顶端膨大成小瓶状，长约15厘米，挂在植株上，随风摆动。“小瓶”上有一掀起的盖子，瓶口密布蜜腺，诱使昆虫落入陷阱，瓶内侧壁有蜡质，极其光滑。当贪嘴的飞虫前来吮吸瓶口蜜汁时，一失足便滑进瓶底，被里面的黏液黏住。瓶口的小盖，立即自动盖好，小飞虫更无法逃脱，而被瓶子里分泌出的一种酸性消化液消化掉了。

原来，食肉植物的叶子已变成了捕捉昆虫的特殊器官，有的长满腺毛，有的像瓶子，有的像小口袋，有的像蚌壳。这些特殊的叶子，还会分泌出各种各样的消化酶，其作用相当于人胃中的消化液，能将昆虫的身体消化掉。

一般说来，植物由根来吸收地下的养料，由叶片进行光合作用吸收地上的养料，为什么食肉植物却要吃虫食肉，吸取小动物的养料呢？据科学家研究，食肉植物有一个共同的特点，就是大多数生长在经常被雨水冲洗或缺少矿物质的地带。由于这些地区的土壤中缺乏氮素养料和其他矿物养料，因此植物的根部吸收作用不大，最后逐渐退化。为了满足生存的需要，它们经历了漫长的演化过程，枝条和叶片变态，发展成捕食动物的器官，枝条和叶面分泌的黏液，与动物的消化液相似，行使了动物胃的功能，变成了一类能吃动物的植物，从动物身上获取氮素营养。

那么，食肉植物究竟会不会吃人呢？目前已发现的食肉植物，捕食对象都是很小的动物，它们分泌出的消化液，对小虫子来说也许是汪洋大海，但对于人和大动物，则简直微不足道。在植物学家的“档案”记录中，食肉植物能捕食的最大动物，只是一只小青蛙。

植物睡眠之谜

睡眠是我们人类生活中不可缺少的一部分。经过一天的工作或学习，人们只要美美地睡上一觉，疲劳的感觉就都消除了。动物也需要睡眠，甚至会睡上一个漫长的冬季。可现在说的是植物的睡眠，也许你就会感到新鲜和奇怪了。

其实，每逢晴朗的夜晚，我们只要细心观察周围的植物，就会发现一些植物已发生了奇妙的变化。比如公园中常见的合欢树，它的叶子由许多小羽片组合而成，在白天舒展而又平坦，可一到夜幕降临时，那无数小羽片就成对成对地折合关闭，好像被手碰撞过的含羞草叶子，全部合拢起来，这就是植物睡眠的典型现象。

有时候，我们在野外还可以看见一种开着紫色小花、长着三片小叶的红三叶草，它们在白天有阳光时，每个叶柄上的三片小叶都舒展在空中，但到了傍晚，三片小叶就闭合在一起，垂下头来准备睡觉。花生也是一种爱睡觉的植物。它的叶子从傍晚开始，便慢慢地向上关闭，表示白天已经过去，它要睡觉了。以上只是一些常见的例子，会睡觉的植物还有很多很多，如酢浆草、白屈菜、含羞草、羊角豆……

不仅植物的叶子有睡眠要求，就连娇柔艳美的花朵也要睡眠。例如，在水面上绽放的睡莲花，每当旭日东升之际，它那美丽的花瓣就慢慢舒展开来，似乎刚从酣睡中苏醒，而当夕阳西下时，它又闭拢花瓣，重新进入睡眠状态。由于它这种“昼醒晚睡”的规律性特别明显，才因此得此芳名“睡莲”。

各种各样的花儿，睡眠的姿态也各不相同。蒲公英在入睡时，所有的花瓣都向上竖起来闭合，看上去好像一个黄色的鸡毛帚。胡萝卜的花，则垂下头来，像正在打瞌睡的小老头。更有趣的是，有些植物的花白天睡觉，夜晚开放，如晚香玉的花，不但在晚上盛开，而且格外芳香，以此来引诱夜间活动的蛾子来替它传授花粉。还有我们平时当蔬菜吃的瓠子，也是夜间开花，白天睡觉，所以人们把它俗称为“夜开花”。

植物睡眠在植物生理学中被称为睡眠运动，它不仅是一种有趣的现象，而且还是一个科学之谜。植物的睡眠运动会对植物本身带来什么好处呢？这是科学家们最关心的问题。尤其最近几十年，他们围绕着睡眠运动的问题，展开了广泛的讨论。

最早发现植物睡眠运动的人，是英国著名的生物学家达尔文。100 多年前，他在研究植物生长行为的过程中，曾对 69 种植物的夜间活动进行了长期观察，发现一些积满露水的叶片，因为承受到水珠的重量而运动不便，往往比其他能自由自在运动的叶片容易受伤。后来他又用人为的方法把叶片固定住，也得到相类似的结果。在当时，达尔文虽然无法直接测量叶片的温度，但他断定，叶片的睡眠运动对植物生长极有好处，也许主要是为了保护叶片抵御夜晚的寒冷。

达尔文的说法似乎有一定道理，可是它缺乏足够的实验证据，所以一直没有引起人们的重视。直到 20 世纪的 60 年代，随着植物生理学的高速发展，科学家们才开始深入研究植物的睡眠运动，并提出了不少解释它的理论。

起初，解释睡眠运动最流行的理论是“月光理论”。提出这个论点的科学家认为，叶子的睡眠运动能使植物尽量少遭受月光的侵害，因为过多的月光照射，可能干扰植物正常的光周期感官机制，损害植物对昼夜长短的适应。然而，使人们感到迷惑不解的是，为什么许多没有光周期现象的热带植物，同样也会出现睡眠运动，这一点用“月光理论”是无法解释的。

后来科学家们又发现，有些植物的睡眠运动并不受温度和光强度的控制，而是由于叶柄基部中一些细胞的膨压变化引起的。例如合欢树、酢浆草、红三叶草等，通过叶子在夜间的闭合，可以减少热量的散失和水分的蒸腾，起到保温保湿的作用，尤其是合欢树，叶子不仅仅在夜晚会关闭睡眠，在遭遇大风大雨袭击时，也会渐渐合拢，以防柔嫩的叶片受到暴风雨的摧残。这种保护性的反应是对环境的一种适应，与含羞草很相似，只不过反应没有含羞草那样灵敏。

随着研究的日益深入，各种理论观点一一被提了出来。但都不能圆满地解释植物睡眠之谜。正当科学家们感到困惑的时候。美国科学家恩瑞特在进行了一系列有趣的实验后提出了一个新的解释。他用一根灵敏的温度探测针，在夜间测量多花菜豆叶片的温度，结果发现，呈水平方向（不进行睡眠运动）的叶子温度，总比垂直方向（进行睡眠运动）的叶子温度要低1℃左右。恩瑞特认为，正是这仅仅1℃的微小温度差异，已成为阻止或减缓叶子生长的重要因素。因此，在相同的环境中，能进行睡眠运动的植物生长速度较快，与那些不能进行睡眠运动的植物相比，它们具有更强的生存竞争能力。

植物睡眠运动的本质正不断地被揭示。更有意思的是，科学家们发现，植物不仅在夜晚睡眠，而且竟与人一样也有午睡的习惯。小麦、甘薯、大豆、毛竹甚至树木，众多的植物都会午睡。

原来，植物的午睡是指中午大约11时至下午2时，叶子的气孔关闭，光合作用明显降低这一现象。这是科学家们在用精密仪器测定叶子的光合作用时观察出来的。科学家们认为，植物午睡主要是由于大气环境的干燥和炎热。午睡是植物在长期进化过程中形成的一种抗御干旱的本能，为的是减少水分散失，以利在不良环境下生存。

由于光合作用降低，午睡会使农作物减产，严重的可达三分之一，甚至更多。为了提高农作物产量，科学家们把减轻甚至避免植物午睡，作为一个重大课题来研究。

我国科研人员发现，用喷雾方法增加田间空气湿度，可以减轻小麦午睡现象。试验结果是，小麦的穗重和粒重都明显增加，产量明显提高。可惜喷雾减轻植物午睡的方法，目前在大面积耕地上应用还有不少困难。随着科学技术的迅速发展，将来人们一定会创造出良好的环境，让植物中午也高效率地工作，不再午睡。

植物行为的奥秘

为什么向日葵总是追踪太阳？植物的根为什么只朝地下生长？有些动物能预报地震，植物也能吗？植物体内有没有“神经”？这些有趣而新奇的问题，就属于现代植物行为学的范畴，它是一个奥秘无穷的研究领域，吸引了许多植物学家埋首追寻探索，设法解开其中的谜团。

追踪太阳　传导热量

花儿生长向太阳，它们为什么向阳其中却大有文章。向日葵是这类植物中最有代表性的，它受到体内生长激素的控制，所以追踪太阳。

除了向日葵外，在我们身边周围，向阳植物并不常见，但生长在北极的大部分植物，都擅长追逐太阳。北极气候寒冷，花儿向阳就能聚集阳光的热量，造就一个温暖的场所，以便引诱昆虫前来传粉，使子孙后代繁衍不绝。有一位瑞典植物学家做过一个有趣的实验，他把一株仙女木植物的花用细铁丝固定住，不让它做向阳运动。等第二天太阳出来后，他测量了这朵花的温度，发现要比周围向阳的花朵低0.7℃。

在研究植物向阳生长的时候，人们发现许多向阳植物的地下部分，虽然照不到阳光，但也能对光做出反应。这个令人迷惑的问题，长期以来一直无人能够解释。直到最近科学家才发现，植物的身体能传导光线，就像光导纤维能把光传到适当部位一样。照射到植物地面部分的阳光，可以通过植物身体的基干，向植物体的其他方向传去。

在追踪太阳的植物中，最有意思的也许是缠绕植物了。比如牵牛花，它盘绕在竹竿上的细茎全部沿逆时针方向，右旋着朝上攀爬。而另一种缠绕植物蛇麻藤则恰恰相反，以顺时针方向左旋着向上生长。它们为什么会这样呢？迄今为止还没有肯定的答案。不过，有位科学家提出了一个有趣的假设。他推断这类缠绕植物的祖先，一类生长在北半球，另一类生长在南半球，植物茎为了跟踪东升西落的太阳，久而久之就形成了各自的旋转，方向正好相反。如果这种说法正确的话。那么照此推论，一些起源于赤道附近的缠绕植物，就不可能有固定的缠绕方向。后来，人们真的发现了左右旋都可以的中性植物，它起源于阿根廷靠近赤道的地区。看来，这个假设已经在渐渐被事实证实。

会辨别方位方向

好多年前，曾有人提出一个古怪的问题；植物的根为什么只朝地下生长？这个问题看似简单，可要仔细回答还很不容易。

几位美国科学家为了解答这个问题，对玉米、豌豆和莴苣的幼苗进行了专门的研究。他们发现，植物根冠的细胞壁上积累着大量的钙，尤其在根冠的中央密度最大。因此，他们认为，除了地球重力场的影响外，钙对控制植物的根向地下生长，起着至关重要的作用。

科学家认为，不仅人和动物知道上下左右，东西南北，不少植物也具有定向能力。

美国有一种莴苣植物，它的叶面总是和地面垂直，而且无一例外地朝着南北方向，人们因而把它称为“指南针植物”。指南针植物的叶片为什么会有这种独特的习性呢？有两位植物学家发现，指南针植物只要一遮阴，叶片的指南特性就消失了。因此，他们断定叶片指南一定与阳光密切相关。后来，他们又进一步发现，叶片的指南特性对植物生长很有利，因为中午阳光最强烈，垂直叶片的受光面积极小，能大大减少水分的蒸腾；而在清晨和傍晚，叶片又可以在耗水少的情况下进行较多的光合作用。这样，指南针植物能在干旱的环境条件下，得以较好地生长。

能预测灾祸

植物生理学家最近发现，有些植物不仅能对外界变化作出相应反应，而且还具有一套预测灾祸降临的独特本领。

有一位名叫鸟山的日本学者，专门研究植物如何预测地震。他选择合欢树作为对象，用高灵敏度的记录仪器，测量合欢树的电位变化。

经过几年努力，鸟山惊奇地发现，在打雷、火山爆发、地震等自然现象发生之前，合欢树内会出现明显的电位变化和突然增强的电流。例如，他所研究的那棵合欢树，1978 年 6 月 10~11 日突然出现极强大的电流，结果 6 月 12 日下午 5 点 14 分，在树附近地区发生了里氏 7.4 级的地震。10 多天后余震消失，合欢树的电流才恢复正常。1983 年 5 月 26 日中午，日本海中部发生了 7.7 级地震，鸟山教授在震前 20 多小时，又一次观察到合欢树异常的电流变化。

实验表明，合欢树能预测地震，具有相当的可靠性，这给人们准确预报地震提供了一条新的途径。

可接受麻醉

病人动手术之前要进行药物麻醉，使神经系统失去应有的敏感性，这样开刀时就不会感到痛苦。最近科学家们发现，植物也有“神经系统”，那么，用于人体的麻药，是否也会使植物麻醉而失去感觉呢？

为了找出这个答案，法国和德国的几位生理学家，选用乙醚和氯仿等普通麻醉药，对含羞草进行了麻醉实验。结果，那些“服用”过麻醉药的含羞草，不论怎样用手触摸，那些原来很敏感的叶片，这时却像着了魔似的无动于衷。过了一段时间后，也许是麻药效果消失，它才重新恢复了敏感性。看来，植物也会被麻醉，而且在麻醉剂的浓度、麻醉起作用和消退的时间方面，与动物的反应很相似。

后来科学家又发现，许多其他植物也有类似情况。比如，一种小檗属植物的雄蕊有敏感的“触觉”，但经过吗啡处理后，就会变得麻木不仁。还有食虫植物捕蝇草，经过乙醚麻醉药的喷洒，虽然知道可口的小虫子已落入自己陷阱般的叶子里，但已无力合拢，只能眼睁睁地看着美味佳肴从眼皮下逃走。

植物是怎样被麻醉的呢？植物麻醉过程与动物很相似，它们都是通过细胞膜的离子来传递电冲动。当植物受到麻醉后，细胞膜结构被破坏，“神经”传递就被阻断了。

目前，关于植物麻醉还有许多谜未解开，尤其令人不可思议的是，本身充满麻醉剂的罂粟，也即制造鸦片的植物，为什么不被自己的麻醉剂所麻醉呢？

植物的“喜怒哀乐”之谜

人有感情，许多动物有感情，植物是否也有感情呢？科学家们经过研究发现，植物也有着丰富的感情，并且同人类一样，在成长过程中会受到感情的影响。可是，植物既不会发声，也不会活动，科学家是怎样知道植物的喜怒哀乐呢？

最初的发现和研究

那是在 1966 年 2 月的一天上午，有位名叫巴克斯特的情报专家，正在给庭院花草浇水，这时他脑子里突然出现了一个古怪的念头，也许是经常与间谍、情报打交道的缘故，他竟异想天开地把测谎仪器的电极绑到一株天南星植物的叶片上，想测试一下水从根部到叶子上升的速度究竟有多快。结果，他惊奇地发现，当水从根部徐徐上升时，测谎仪上显示出的曲线图形，居然与人在激动时测到的曲线图形很相似。

难道植物也有情绪？如果真的有，那么它又是怎样表达自己的情绪呢？尽管这好像是个异想天开的问题，但巴克斯特却暗暗下决心，通过认真的研究来寻求答案。

巴克斯特做的第一步，就是改装了一台记录测量仪，并把它与植物相互连接起来。接着，他想用火去烧叶子。就在他刚刚划着火柴的一瞬间，记录仪上出现了明显的变化。燃烧的火柴还没有接触到植物，记录仪的指针已剧烈地摆动，甚至超出了记录纸的边缘。显然，这说明植物已产生了强烈的恐惧心理。后来，他又重复多次类似的试验，仅仅用火柴去恐吓植物，但并不真正烧到叶子。结果很有趣，植物好像已渐渐感到，这仅仅是威胁，并不会受到伤害。于是，再用同样的方法就不能使植物感到恐惧了，记录仪上反映出的曲线变得越来越平稳。

后来，巴克斯特又设计了另一个试验。他把几只活海虾丢入沸腾的开水中，这时，植物马上陷入极度的刺激之中。试验多次，每次都有同样的反应。

试验结果变得越来越不可思议，巴克斯特也越来越感到兴奋。他甚至怀疑试验是否完全正确严谨。为了排除任何可能的人为干扰，保证试验绝对真实，他用一种新设计的仪器，不按事先规定的时间，自动把海虾投入沸水中，并用精确到十分之一秒的记录仪记下结果。巴克斯特在三间房子里各放一株植物，让它们与仪器的电极相连，然后锁上门，不允许任何人进入。第二天，他去看试验结果，发现每当海虾被投入沸水后的6~7秒钟后，植物的活动曲线便急剧上升。根据这些，巴克斯特提出，海虾死亡引起了植物的剧烈曲线反应，这并不是一种偶然现象，几乎可以肯定，植物之间能够有交往，而且，植物和其他生物之间也能发生交往。

巴克斯特的发现引起了植物学界的巨大反响。但有很多人认为这难以令人理解，甚至认为这种研究简直有点荒诞可笑。其中有个坚定的反对者麦克博士，他为了寻找反驳和批评的可靠证据，也做了很多试验。有趣的是，他在得到试验结果后，态度一下子来了个大转变，由怀疑变成了支持。这是因为他在试验中发现，植物被撕下一片叶子或受伤时，会产生明显的反应。于是，麦克大胆地提出，植物具备心理活动，也就是说，植物会思考，也会体察人的各种感情。他甚至认为，可以按照不同植物的性格和敏感性对植物进行分类，就像心理学家对人进行的分类一样。

人们对植物情感的研究兴趣更趋浓厚了。科学家们开始探索“喜怒哀乐”对植物究竟有多少影响。

植物爱听音乐

植物也爱听音乐？事实确是如此。许多科学家通过实验证明了这个问题。

有一位科学家每天早晨都为一种叫加纳菇茅的植物演奏 25 分钟音乐，然后在显微镜下观察其叶部的原生质流动的情况。结果发现，在奏乐的时候原生质运动得快，音乐一停止即恢复原状。他对含羞草也进行了同样的实验。听到音乐的含羞草，在同样条件下比没有听到音乐的含羞草高1.5倍，而且叶和刺长得满满的。

其他科学家们在实验过程中还发现一个有趣的现象：植物喜欢听古典音乐，而对爵士音乐却不太喜欢。美国科学家史密斯，对着大豆苗播放“蓝色狂想曲”音乐，20天后，每天听音乐的大豆苗重量，要比未听音乐的大豆苗高出四分之一。

看来，植物的确有活跃的“精神生活”，轻松的音乐能使植物感到快乐，促使它们茁壮成长。相反，喧闹的噪音会引起植物的烦恼，生长速度减慢，有些“精神脆弱”的植物，在严重的噪音袭击下，甚至枯萎死去。

植物也会紧张

在现代社会中，许多因素会使人神经紧张，比如忙碌、噪声、考试等等。科学家们发现，植物同样也会因生命受到威胁而紧张。植物在紧张时，会释放出一种名为“乙烯”的气体。植物越紧张，释放出的乙烯也就越多。人对这种气体是感觉不到的。美国科学家设计出了一种“气相层析仪”，可以测出植物紧张时释放出的极少量的乙烯。

研究人员利用“气相层析仪”进行测量发现，当空气严重污染、空气湿度太大或太小、火山喷发、动物啃吃植物的树叶或大量昆虫蚕食植物时，植物都会紧张，释放出乙烯气体。

科学家们还发现，经常受到威胁而紧张的植物，它们的生长速度会因受影响而减慢，甚至会枯萎。

使用“气相层析仪”监视植物发生紧张的频繁程度和紧张的强烈程度，可以使种植者及时找出令植物紧张的原因，设法消除使植物紧张的因素。这样，就可以大大增加收获量。

植物体察人的情感

苏联科学家维克多做过一个有趣的试验。

他先用催眠术控制一个人的感情，并在附近放上一盆植物，然后用一个脑电仪，把人的手与植物叶子连接起来。当所有准备工作就绪后，维克多开始说话，说一些愉快或不愉快的事，让接受试验的人感到高兴或悲伤。这时，有趣的现象出现了。植物和人不仅在脑电仪上产生了类似的图像反应，更使人惊奇的是，当试验者高兴时，植物便竖起叶子，舞动花瓣；当维克多在描述冬天寒冷，使试验者浑身发抖时，植物的叶片也会瑟瑟发抖；如果试验者感情变化为悲伤，植物也出现相应的变化，浑身的叶片会沮丧地垂下“头”。

植物心理学

为了能更彻底地了解植物如何表达“感情”的奥秘，不久前，英国科学家罗德和日本中部电力技术研究所的岩尾宪三，特意制造出一种别具一格的仪器——植物活性翻译机。这种仪器非常奇妙，只要连接上放大器和合成器，就能够直接听到植物的声音。

研究人员根据对大量录音记录的分析发现，植物似乎有丰富的感觉，而且在不同的环境条件下会发出不同的声音。例如，有些植物的声音会随着房间中光线明暗的变化而变化，当它们在黑暗中突然受到强光照射时，能发出类似惊讶的声音。有些植物遇到变天、刮风或缺水时，会发出低沉、可怕和混乱的声音，仿佛表明它们正在忍受某种痛苦。在平时，有的植物发出的声音好像口笛在悲鸣，有些却似病人临终前发出的喘息声。还有一些原来叫声很难听的植物，当受到温暖适宜的阳光照射或被浇过水以后，声音会变得较为动听。

结束语

尽管有以上众多的试验依据，但关于植物有没有情感的探讨和研究，迄今还没有得到所有科学家的肯定。不过在今天，不管是有人支持还是有人反对、怀疑，这项研究已发展成为一门新兴的学科——植物心理学。在这门崭新的学科中，有无数值得深入了解的未知之谜，等待着人们去探索、揭晓。

图书在版编目（CIP）数据

宇宙生命之谜 / 张申碚，赵晓梅编著. -- 武汉 : 长江文艺出版社，2024.6
ISBN 978-7-5702-3560-5

Ⅰ. ①宇… Ⅱ. ①张… ②赵… Ⅲ. ①生命科学－青少年读物 Ⅳ. ①Q1-0

中国国家版本馆 CIP 数据核字(2024)第 082069 号

宇宙生命之谜
YUZHOU SHENGMING ZHIMI

责任编辑：马　蓓　　　　责任校对：毛季慧
封面设计：天行云翼・宋晓亮　　　　责任印制：邱　莉　　王光兴

出版：长江出版传媒 | 长江文艺出版社
地址：武汉市雄楚大街 268 号　　　　邮编：430070
发行：长江文艺出版社
http://www.cjlap.com
印刷：武汉中科兴业印务有限公司

开本：640 毫米×970 毫米　　1/16　　印张：7　　插页：4 页
版次：2024 年 6 月第 1 版　　　　2024 年 6 月第 1 次印刷
字数：65 千字

定价：22.00 元